我的文化食旅

我的文化食旅

吳瑞卿 著

商務印書館

我的文化食旅

作　　者：吳瑞卿

責任編輯：趙　梅

封面設計：張　毅

出　　版：商務印書館 (香港) 有限公司

　　　　　香港筲箕灣耀興道 3 號東滙廣場 8 樓

　　　　　http://www.commercialpress.com.hk

發　　行：香港聯合書刊物流有限公司

　　　　　香港新界大埔汀麗路 36 號中華商務印刷大廈 3 字樓

印　　刷：中華商務彩色印刷有限公司

　　　　　香港新界大埔汀麗路 36 號中華商務印刷大廈 14 字樓

版　　次：2013 年 9 月第 1 版第 1 次印刷

　　　　　©2013 商務印書館 (香港) 有限公司

　　　　　ISBN 978 962 07 5621 4

　　　　　Printed in Hong Kong

從吳瑞卿的"我"說起

高美慶　序

繼大受歡迎的《食樂有文化》之後，吳瑞卿再將在《信報》發表的飲食文化專題文章結集，取名《文化食旅》。我很喜歡這個書名，但建議她不妨來個畫龍點睛，在前面加上"我的"兩個字。於是，介紹這個"我的"，也就成了我推也推不掉的事了。

佛云"諸法無我"，這大智慧點出人相我相，無常無定。要介紹《文化食旅》中的"我"，因人因時因地，也可說是演化無數面相：她是跑馬地的"街坊""地膽"，她是中學大學的運動健將，她隨"海上學府"行萬里路，她從名師劉殿爵教授讀萬卷書，她投入學運社運，她有歷史、文學和教育的學位，美國國務院約聘的翻譯工作讓她穿梭各地，而電台上"俗語有話"、"長城短語"和"大城小事"等節目更讓她廣受聽眾認識。從認識到好奇，當然對吳瑞卿這個"我"感到趣味盎然。

吳瑞卿與我結緣，"文化"、"食"、"旅"都是關鍵詞。認識瑞卿，從我與外子楊鍾基同任香港中文大學研究院宿舍舍監開始。由於對金禧事件和中文運動的共同關注，這位歷史系研究生漸漸成為我們的戰友和家中常客。發現瑞卿做得一手好菜，而種種機緣又讓她品茶酌酒都可以跟我們談得頭頭是道。三十多年的交往，既有酒食遊戲相徵逐的歡樂，也有過患難疾病相扶持的體驗。我樂於推薦《我的文化食旅》這本書，十分個人的原因是幾乎每一篇文章都是我們曾經分享過的話題。

"文化旅遊"、"旅遊文化"是現今熱門的顯學，而在古老的中國文化中也有精彩的論述。擬與讀者分享《列子·仲尼》裏列禦寇與壺丘子的一段話：

> 初子列子好游。壺丘子曰："禦寇好游，游何所好？"列子曰："游之樂，所玩無故。人之游也，觀其所見；我之游也，觀其所變。游乎游乎！未有能辨其游者。"壺丘子曰："禦寇之游固與人同歟，而曰固與人異歟？凡所見，亦恆見其變。玩彼物之無故，不知我亦無故。務外游，不知務內觀。外游者，求備於物；內觀者，取足於身。取足於身，游之至也；求備於物，游之不至也。"

這段對話談到三種遊觀方式：眾人之遊，只是"觀其所見"，見山說山，見水說水。列子之遊，進於"觀其所變"，觀察其間的變化異同。至於壺丘子，則是自外而內"取足於身"。

結合此段遊觀哲理，讀者不難發現，瑞卿所遊之廣所食之豐，即使平鋪直敘寫出來，已經足以讓讀者目不暇給。然而她的記遊記食卻又遠不止於"觀其所見"，她的歷史專長，足以"觀其所變"，其分析解說，廣及異域殊方，通貫古今文化。至於超越所見所變的，更在本書的每一篇文章，其常帶感情的筆鋒，在在表現一個"真我"對人對景對文化的溫情和感動，外內相涵，"取足於身"，真可說是"游之至也"。

慧識 "遊" 與 "食"

陳萬雄　序

瑞卿交遊廣闊，多識賢智，卻囑序於我。她的著作，我一直很有興趣閱讀，能先睹為快，當然樂於為之序。只怕對書的內容，所知不深不廣，說不出內中的勝意。

與瑞卿是歷史系的同學、同好，又是相知的朋友。幾十年來，散處各地，自有忙碌，不常見面，但一直聯繫不斷，互通訊問。每次聚談，雖然話題泛漫，卻不離文化。每次總是聊興怡怡，囿於時間，未能盡興而為憾。同學和相知而外，瑞卿是我衷心佩服的同輩朋友。別的沒法多說，就學藝淵博，才多識廣，且能不泥板窒礙，活學活用，且矢志文化，身及履及，以啟牖大眾為心，同輩友朋中，似無出其右者。

享食、講食和談文化旅遊，是我們聚談的重要內容。

她精於烹飪，也以呼朋聚友周遊獵食、品食為樂。她編寫講烹飪的著作甚多，也潛心發掘、整理和疏解中國古代典籍中關於飲食的材料，都成著述，一紙風行。工作之餘，她喜歡四處遊歷，考察文化，足跡遍及國內外。因工作的需要和方便，與從事實地探索中國歷史文明的志望，幾十年來，在神州大地上，甚至在外國，我跑動之廣之僻，時自有驕色。但比之瑞卿，只好抱拳揖手了。

在歷史文化旅遊的撰述上，更瞠乎其後。今瑞卿以《我的文化食旅》為題，撰編成新書，熔"遊"與"食"兩方面之積學和識見於一爐，乃為我輩友朋所期盼的。

當前中國和世界，尚算太平，賞食、賞遊成社會大眾的潮流。社會上也不乏介紹食遊的圖書，且不少冠以"文化"兩字。於我，大多總嫌其浮光掠影，有浮濫不深之歎。稱之為"文化飲食"者，不僅在教人如何大快朵頤，貴能發掘其中的"歷史文化"的內涵。飲食是人們千百年生活環境和生活智慧的結晶，承載着豐富的文化內容。講"遊"說"食"，既要知其然，更要知其所以然，這才當得上"文化"兩字。要究明一地一族的"文化飲食"的所以然，既要饒於歷史知識，知其流衍和發展，又能洞悉其地理形勝、自然物產的環境等因素，才能讓人在賞食、賞遊之外，另有文化上之得益。這種"遊"才是深度遊，這種"食"，才算雅食。

這裏只舉《我的文化食旅》書中一篇為例，以見其全。〈秦嶺橫亙八百里，陝西飲食分南北〉一文，既介紹了秦嶺南北不同的飲食風貌，同時指陳出秦嶺不僅是中國地理上南北的分界線，同時是南北中國風土民俗的分界線，真有慧識。如此複雜的歷史地理，說來舉重若輕，讀者讀來心領神會，毫不費勁，卻大長知識。這就是功底，這就是識見。近現代文化旅食學人名家，屈指一數，有上海的唐振常先生、台灣的林文月女士、香港的逯耀東先生等，他們無不通曉歷史文化，又善於品食，且多遊遠識。繼之者其吳瑞卿乎？！

飲食和旅遊，這是人生活的重要內容，講飲食說旅遊，也是社會大眾最喜聽樂聞的。瑞卿以社會大眾同好，就其專業知識，憑其廣泛的經歷，撰其識聞，以饗讀者，娛己樂人，悅愉何如？其實旅食文章之於她，另有懷抱。志欲通過飲食和旅遊的介紹，以輕鬆、簡易和趣味的寫法，去弘揚文化知識，提升生活品味，以至改造社會文明。這原是"菩薩心腸"，"觀音百身"，意在渡人的了。

情・理・福・緣

自 序

好友常笑我飲食是七分真實，三分想像，兩分感情，加起來十二分美妙，說得甚是。又有友誇我為美食家，非也，其實我吃得不精，還可以說有些土氣，品味更近草根。

任何酒食餚饌，總有客觀標準，而我加入情和理，所以吃得特別香。情從何來？有來自友人共享之樂，有源於風物之情。理者，就是飲食背後的文化歷史，知道中國字源魚羊為"鮮"，羊大為"美"，說不吃羊的朋友會否嚐一塊？了解印第安人怎樣用土燒爐烤玉米包，吃來就分外甘香吧！

年前我在杭州西泠印社刻了一方"隨緣食福"的印章，那是飽啖樓外樓的東坡肉和西湖醋魚之後，心下感覺真有食福。有食福就更要惜福，我固不敢浪費半分食物，也不敢享盡食福。天天美酒佳餚，至鮮至美也變得尋常，有食福而不覺察。我在外工作，總是吃幾頓飯盒或快餐，省下差旅餐費和胃納，此時對美食充滿期望，那才找家名店傾囊享受。我經常告誡自己要惜福。

說到底，我值得人家羨慕的，可能是一個緣字。我有眾多識飲識食識烹的好友，時賜酒饌，讓我眼界常開。此外，在束河有納西兄弟為我烹煮風味臘肉，一年一度極為神秘保密的巴黎"白色夜宴"居然也給我遇上了。除了一個緣字，又怎樣解釋呢？

《我的文化食旅》分享很多故事，邀您加入這個美妙而情理福緣兼具的飲食世界。

目錄

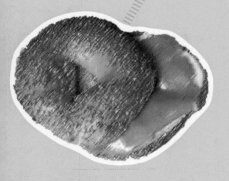

我的文化食旅

禁臠，原來豬頸肉！

生牛肉橫紋切成如紙的薄片，澆上用魚製的醬汁和果漿，醃漬一晚，第二天即成美食。似曾相識？這並非意大利的Carpaccio，也不是德國的韃靼牛肉，而是中國二千五百年前的名菜，叫"漬"，古代八珍之一。

原隻生蠔放在火上稍烤，殼受熱爆開即離火，去掉半邊殼，留下另半邊殼連蠔肉，一份三隻排在精緻的小銅盤上，若用大銅盤則排六隻，伴以小碟香草醋汁，奉客蘸食。這不是高級法國餐廳的前菜，也非今天酒會上的美點，而是一千四百年前北魏時期一本生活百科《齊民要術》裏記載的食譜和上菜指南。

前年我編選了一本飲食文化的趣味小書，從中國古代文獻書籍裏挑選一百個古食譜。想不到在古書堆裏發現了不少非常有現代新意的食譜，"漬"和"炙蠣"只是其中兩個例子。一千幾百年前留下來的歷久常新的飲食和烹調道理更多不勝數。編選和註釋古食譜是我構思了很久的事，既好玩又有意思。

招待外國朋友吃粵菜，燒乳豬是適合不過的美食，他們都聽過 Roast Suckling Pig。朋友歎為滋味之際，我說："這算不

了甚麼，絕品乳豬是這樣的：把全隻乳豬剖開，去掉內臟，腔內塞滿棗子，用蘆草織成的蓆裹着豬，外面塗上濕草泥，整隻放到火上烤。烤到泥乾，剝去泥蓆，用手摩搓以去掉豬皮上的薄膜。另外用米粉加水調成米糊，塗在乳豬皮上。燒紅一大鍋豬油，把整隻乳豬放進油裏炸。炸好，連皮切成肉條，放進一隻小鼎，加入紫蘇等香草。灶上燒一大鍋水，把小鼎放入，文火燉三天三夜，火不可停。燉好乳豬，吃時加入醋和醬。"

洋朋友聽得入迷，我才說："烹調太複雜，今天吃不到了。那是有三千年歷史的中國食譜，記載在二千多年前的古書裏。"過千年的食譜今天仍然可以隨手找到，這正是中國人值得自豪的文化傳承。上述燒乳豬的製法出於《禮記》，菜名"炮豚"；《禮記》真是我經常翻閱參考的書。

古法乳豬今天很難做到，原因是烹法複雜，燒製之後還要燉三天三夜，以現代觀念看極不環保。很多古譜菜式失傳，或因口味、生活和社會的改變，古代有些名貴珍味我們不會嚐，例如狗肝和熊掌。或因衛生條件和概念改進，例如冰箱面世以前，古代有各種食物久藏的方法，但即使美味，以今天的衛生常識，我們也不敢輕嚐。

然而，中國古代飲食文獻蘊藏了很多實用的智慧，今天不少烹飪法和菜式，原來有過千年傳統，只是我們少有涉獵而已。讀古代食譜最大的挑戰是圈點和解讀，很多名詞和概念必須查證辭書，但了解之後那種豁然開朗的感覺，快甚。拋開文字和圈點的障礙，很多古食譜其實都可以為今所用。清代袁子才《隨園食單》固然寫得清楚明白，我讀《禮記》和《齊民要術》常有驚喜。老友食神韜哥的大榮華豬油撈飯，原來《禮記》早已有譜，不過名字有點古怪，叫做“淳熬”。所不同者，二千多年前的古人用魚或肉熬製醬汁，我們則用豉油。很多古代菜名，今天看來很奇特，非細讀內容不知所指為何，解讀之後時有意想不到的意趣。

我對飲食文化一直都很有興趣，為了編書要從古籍精挑細選，斟酌查證，發現古代的飲食世界絕對可以是今日的實用寶庫。我偶爾忍不住如法炮製，也真能做出一些簡單而美味的菜式，例如北魏《齊民要術》的“缹瓜瓠”，宋代《山家清供》中的“酒煮玉蕈”，明代《宋氏養生》的“清燒豬”，清代《隨園食單》的“雞粥”。編書所花的時間比預計長得多，皆因樂在其中而忘卻真正的任務。

把牛或羊切成方寸大的肉塊，用碎蔥白、鹽和豉汁醃一會，然後把肉放在火上烤。烤時肉要貼近火，火要猛，一面烤一面轉動。肉稍變白色即僅熟，立刻熱食，肉滑多汁而美味。這不就是我們的 BBQ？抑或是希臘的 Kabob？不對，是二千多年前中國的"腩炙"；腩在古代是醃漬的意思，與廣東人說的肥腩無關。古書清楚說明，如果反覆燒烤，過熟則"膏盡肉乾，不復中食。"

大約一千七百年前有一個故事，東晉元帝渡江到建業的時期，形勢艱困。臣下得到一隻豬，不敢吃而先進獻元帝。豬頸上的一塊肉特別美味，只有皇帝獨吃，當時的人稱為"禁臠"。

禁臠，原來是豬頸肉！

三藩市灣區 Marica 餐廳的 Carpaccio，薄切生牛肉澆上秘製醬汁和檸檬；大廚從未讀過《禮記》古譜中的"漬"！

常飲牛乳，色如處子！

"常飲牛乳，色如處子。"這並非牛奶公司的廣告，而是出於《魏書・王琚傳》。王琚是晉代一個刺史官，犯刑被閹成宦臣，後在北魏歷任高官，享年九十歲。男人色如處子或許是荷爾蒙失調，但九十高齡在一千五百年前是超級長壽，歸功於常飲牛乳？

另晉代文學家潘岳在《閒居賦》中提及閒來養羊賣乳（牧羊酤酪）；潘岳即中國史上著名美男潘安。他既賣羊奶，想當然本人也吃不少，其美貌不知是否與吃乳品有關？

在蘭州的食街夜市吃到一種奶製甜品，我想起中國人少吃牛奶的傳統說法，好奇心起，找出古書尋個究竟，在此拉雜說"乳"。蘭州這種甜品其實很簡單，在小湯碗內放些碎核桃、葡萄乾、枸杞子和砂糖，另用小鍋煮鮮牛奶，奶滾時加入攪勻的雞蛋，立刻澆進碗裏。奶濃蛋香，核桃尚脆，葡萄乾和杞子軟中有嚼頭。在初冬的攤子上，吃得人胃和心暖。

王琚和潘安都是魏晉南北朝人，南北朝是西北遊牧民族入主，飲奶是很自然的。牛羊奶類自古是北方的常見食品，說中國人少吃牛奶，指的是南方人。我查了一下，發現由

蘭州夜市的蛋奶甜品，拌入核桃碎、葡萄乾和枸杞子。

《說文解字》以至《康熙字典》都沒有奶字；原來奶的古字是"嬭"。不過，"嬭"字最早也只見於唐代以後的書籍，例如嬭母、嬭婆、嬭媼；嬭媼就是奶媽或乳娘。乳字則很古，有趣的是根據《說文解字》，人和鳥類生子稱為乳，獸類生子叫做產，所以古代的"乳醫"即是現代的產科醫生。

今人常用的奶或乳，古代稱為酪。《說文解字》說明："酪，乳漿也。"二千年前成書的《禮記》把醴和酪並列，醴是甜酒，可見甜酒和乳漿同是古代的美飲。另一本東漢的百科全書《釋名》解釋："酪，澤也。乳作汁，所以使人肥澤也。"乳雖滋潤，也令人發胖，古人早已得知。

酥和醍醐在中國古代都是乳產品，酥就是奶油，現在西北藏民仍稱奶油為酥油。唐韓愈有詩："天街小雨潤如酥，草色遙看近卻無。最是一年春好處，絕勝煙柳滿皇都。"當中首句"天街小雨潤如酥"，飲食史研究者認為是奶油在唐代流行的證明。唐首都長安在西北，乳品普遍甚為合理。

醍醐一般解作美酒，但在古代也是牛油。晉代由梵文譯為漢文的《涅槃經》說明："……從牛出乳，從乳出酪，從酪出生酥，從生酥出熟酥，熟酥出醍醐，醍醐最上……"《辭海》解釋："作乳酪時，上一重凝者為酥，酥上加油者為醍醐，味甘美，可入藥。"

如此說來，我們應該可以理解酪是牛奶，酥是奶油，醍醐是牛油。

唐代名臣穆寧有一個頗妙的故事。穆寧有四子，名字分別為贊、質、員和賞，一門數傑皆成大器。當時的人用"珍味"來比喻四兄弟的出色："贊少俗，為酪；質美而多文，為酥；員為醍醐；賞為乳腐。""乳腐"在古代即是乳餅，千萬別以為是現代的"腐乳"。

用牛奶、奶油、牛油和乳餅（乳腐）來形容人，可謂創意之極。那不是街談巷說的野史，乃出自九百多年前的官史《新唐書·穆寧傳》。

宋代蘇門四學士之一的張耒寫過為人傳誦的含"乳"名句："藏鞭雛筍纖玉露，映葉乳茄濃黛抹。"

別想入非非，這只是描寫新筍和嫩茄的"秋蔬"詩！

古代冰淇淋・雪到口邊消

與友吃日本餐，飯後問有何甜品，侍者是個廣東人，說有綠茶雪糕。友來自北方，說："ice cream 是舶來品，廣東話叫雪糕，貼切！"

冰淇淋為乳所製，非結冰而成，軟滑如糕，稱為"雪糕"，實在比冰淇淋或冰激凌妙；有時吃到結了冰的雪糕，只因水乳分離，不堪食。

冰淇淋是舶來品？卻也未必。飲食史研究者大多認為宋代或以前已出現的冰酪，就是中國最早的冰淇淋。南宋楊萬里有《詠酥》詩一首："似膩還成爽，才凝又欲飄。玉來盤底碎，雪到口邊消。"詩人讚美的就是冰酪，傳神之至，讓人垂涎。

另有更多學者認為馬可波羅把元代的冰酪帶回意大利，創始了西方的冰淇淋。楊萬里詩中形容的冰酪，真的頗接近意大利的 Gelato 雪糕。然而，現代以"忌廉"（乳脂）造的冰淇淋，最早出自十八世紀初一位英國女士 Mary Eales 的食譜，方法是將乳脂用罐密封，藏在一層鹽一層碎冰的桶裏冷凍而成。今天美國人仍有這樣自製冰淇淋的。

Ice Cream，"雪糕"比"冰淇淋"
譯得妙，"雪條"卻不如"冰棒"
或"冰棍"貼切。

二千多年前的羅馬與中國，都有冰鎮食物和飲料的記載。戰國時期《楚辭》的《招魂》和《大招》篇都提到"凍飲"。冰鎮或冷藏的飲品，現代漢語稱為"冷飲"，但廣東話謂之"凍飲"，正是粵方言保留古語一例。香港有冰室，夏天飲冰是消暑享受。"冰"可"飲"，也是古老用語。《莊子‧人世間》："今吾朝受命而夕飲冰，我其內熱與？"梁啟超以"飲冰室"命名書齋，即源於此。

冰食在中國有三千多年的歷史，古代冷藏食物方法有二，一是用地下冰窖的藏冰，另一是用冰冷的井水。周代設有專門掌管鑿冰藏冰的官員，稱為凌人。"凌人共冰。秋刷冰室，冬藏春啟，夏頒冰。"《詩經》也有："二之日鑿冰沖沖，三之日納于淩陰。""淩陰"就是冰窖；意思都是說冬天鑿冰，藏於冰窖。

古時只有皇室有冰窖，稱為官窖，隋唐以前也只有帝王之家才能享用冰食。到了唐代，京城出現了賣冰的店舖，顯然平民也可用冰，但冰甚昂貴，故有"長安冰雪至夏日則價等金璧"之語。

自有禽流感，香港人只有吃冰鮮雞，"冰鮮"絕非摩登物事。明代黃省曾的《魚經》記載："有鱭魚……海人以冰養之，而鬻於諸郡，謂之冰鮮。"那年代漁民已懂得冰鮮之法，魚獲得以運銷四方。

冰鮮在香港是新用語，我們以前慣用"雪藏"。南方無冰雪，香港人（或廣東人）有時冰雪不分。記得兒時家中無電，沒有"雪櫃"，要吃凍西瓜或涼粉，就到成和道黃泥涌街市的"雪房"買"雪"，其實買的是冰。冰塊是標準大小的長方形，夥計手上都有一根雪鈎和一支雪插，鈎尖勾着冰拉動大冰塊，雪插是用來分割和弄成碎塊的。

冰房無雪，但我們叫它做雪房；製冰廠應該叫冰廠，中環卻只有雪廠街。以前賣冰凍飲品的街坊"士多"，店前都有一個放有冰塊的紅色大"雪櫃"，裏面有啤酒汽水。其實是冰鎮，與雪無關，我們偏叫"雪凍"啤酒汽水。

香港朋友去到哈爾濱的冰雕世界，形容天氣之冷，人也差點兒成了"雪條"。夏蟲不可語冰乎？

哈爾濱冰雕世界裏砌成的滑梯大冰塊，讓筆者想起兒時跑馬地街市"雪房"的"雪"。

二千多年前的肥牛筋

"大米、小米、新麥、黃粱般般有,酸、甜、苦、辣,樣樣都可口。
肥牛筋的清燉噴噴香,是吳國的司廚做的酸辣湯。紅燒甲魚,叉
燒羊羔拌甜醬。煮逃陟(一種飛禽),燴水鴨,加點酸漿。滷雞、
燜龜,味大可清爽。油炙的麵餅、米餅漬蜂糖。冰凍甜酒,滿杯
進口真清涼。為了解酒還有酸梅湯。回到老家來啊,不要在外遊
蕩……"

如此佳餚美酒,誰家遊子不思歸?

這是《楚辭‧招魂》(郭沫若譯本)常被飲食研究者引用的一段,
原文是"室家遂宗,食多方些。稻粢穱麥,挐黃粱些。大苦鹹酸,
辛甘行些。肥牛之腱,臑若芳些。和酸若苦,陳吳羹些。胹鱉炮
羔,有柘漿些。鵠酸臇鳧,煎鴻鶬些。露雞臛蠵,厲而不爽些。
粔籹蜜餌,有餦餭些。瑤漿蜜勺,實羽觴些。挫糟凍飲,酎清涼
些。華酌既陳,有瓊漿些。歸反故室,敬而無妨些……"

《楚辭》的文學地位自不待言,其實它在中國飲食史也是極其重要
的經典。上述《招魂》的酒食雖是祭品,但可以反映當時楚的飲食
文化。

春秋戰國的楚國曾經是一個強大的國家，地理覆蓋現在兩湖和部分江蘇、河南及重慶地區，自古"有江漢川澤之饒"，物產富足。1975 年考古學家在楚國郢都遺址發掘到大量碳化稻米，其中一處 3.5 乘 1.5 公尺的遺址，稻米堆積厚度達八公分，測定年代約為公元前 460 年，應該是楚人的糧庫。這與《楚辭·大招》裏的"五穀六仞"（八尺為一仞）還有差距，但卻印證了楚國的富饒，楚人的飲食文化發展到極高水平是很自然的事。

《楚辭》裏經常有飲食內容，從中可知二千多年前的楚人食材十分豐富，烹調方法成熟而多元化，上引短短一段已包括了燉、煮、紅燒、叉燒、燴、滷、燜、炙、漬等等。《招魂》另有句曰"大苦鹹酸，辛甘行些。"考古隊在楚遺址也發現了大量花椒和生薑。楚人大概是中國用香料和調味品的老祖宗，不但苦、鹹、酸、辣、甜五味俱全，調味混配複雜而到家。

《楚辭》有"肥牛之腱"之句，原來燜肥牛筋最少有近二千五百年歷史！

經常被飲食研究者引用的另一段《楚辭》摘自《大招》篇，本來也是招魂，當中的精美酒饌亦甚誘人：

"五穀堆成六仞之高，几上放着苽粱飯，鼎裏的熟肉滿得可見，和味芳香。鸇、鴿、鵠等野禽都有，請嚐一下豺狼羹，盡情地品嚐各種佳味。鮮美的大龜和肥雞，配以楚國的酪漿。豬肉醬與帶苦的狗肉，剁細的蓴菜，吳國的酸蒿，不沾些就沒有味道！魂歸來吧，可以盡情選擇美食。烤烏鴉和蒸野鴨，燙熟的鵪鶉都放在那兒，煎小魚和野雀湯，滿口芳香！魂歸來吧，歸來試嚐新味。經過四次釀製的美酒多麼醇呀，喉底沒有澀味。冰鎮的酒清冽芳香，不可讓下人偷喝！吳國米麴釀的甜酒，摻入楚國清酒。魂歸來吧，不要慌張疾走。"（篇幅所限，省引原文）

誰是《招魂》和《大招》的作者，自古就有不同說法。《史記》記載《招魂》是屈原的作品，後來不少學者則認為是另一楚國著名詩人宋玉懷念屈原之作。《大招》有說作者乃東漢王逸，宋代大儒朱熹則認為是與宋玉同期的景差。

無論作者是誰，美食瓊漿紛陳，未知能引起讀者對《楚辭》和古書的興趣否？

酒糟・醪糟・醇醪

在西安北院街一家回民小店裏，老闆娘給我端來滿滿的一碗桂花醪糟雞蛋，淡淡的酒香隨着熱騰騰蒸氣飄來。這位戴着頭巾的中年女子有點羞怯說："我們家製的醪糟很好吃，粒粒米花，不是街外那些糊糊稠稠的。"

我嚐一口，酒釀濃郁，只嫌稍甜了一點，但吃不出桂花。相問之下，鄰桌的食客給我講了一個為何桂花醪糟有名無實的典故。桂花醪糟以臨潼最出名，說是楊貴妃時代傳下來的。據傳唐天寶年間，一天玄宗和楊貴妃出了華清宮到坊間遊玩，忽然聞到一陣清香，香氣把他們帶到一家小小的醪糟店。玄宗和貴妃光臨，店家特別在本來沒有雞蛋的醪糟裏打了蛋花，吃得皇帝和愛人十分滿意。楊貴妃高興起來，把沿途順手折下的一枝桂花送給店家。店家把桂花插在水裏，頓時滿室芬芳，連醪糟也有了桂花香，從此人們就稱之為"桂花醪糟"，並非醪糟裏加入桂花。

我進小店吃醪糟雞蛋，多少是為了"醪糟"這個古雅名字。醪糟就是廣東人叫的酒糟，江南人稱為酒釀。西北地區仍然保留酒的古老名稱，我在西安、蘭州和西寧都見過酒舖寫着"醇醪"，到處都有小吃醪糟。

西安的桂花醪糟，店娘說
要見到粒粒米花才算好。

古代稱美酒為醇醪。《三國志》描寫程普折服於周瑜，說：“與周
公瑾交，若飲醇醪，不覺自醉。”明代詩人張煌言也有詩句：“明
月開尊皆勝侶，春風入座似醇醪。”醇醪，充滿文學的想像。

其實醇和醪是不同的，醇是味厚的美酒，醪是濁酒。根據《說文
解字》，醇是沒有兌水的酒：“不澆酒也。”段玉裁《說文解字注》
說得更清楚：“凡酒沃之以水則薄。不襍以水則曰醇。”醪（粵音
勞），按《說文解字》是：“汁滓酒也。”即是有酒糟的酒，或是
酒糟。相傳中國最古的造酒人為禹帝時期的儀狄，他造酒醪，禹
帝嚐了，覺得酒味太美，從此就疏遠儀狄。這位勤勞的皇帝大概
是怕上癮，喝得樂會影響政事。

廣東人叫酒糟，甚至有叫酒渣的，似乎都不如醪糟那麼有古意。
西北到處可吃到醪糟，江南飯店都有酒釀丸子，就是廣東人似乎
不太吃酒糟。酒糟於我起初還有些負面印象，漫畫書裏的惡人，
紅紅的大鼻子叫酒糟鼻。兒時上學每天都經過成和道的香港酒廠，
就是現在跑馬地警署和加油站的所在地。酒廠大閘經常開着，可
以看到裏面的煙囱冒着蒸氣，空地放滿酒缸，遠遠就嗅到一種餿
氣，大家都怕聞那酒糟味。

直到第一次吃上海酒釀丸子，我才知酒糟原來如此美味，愛
上了，到西北又豈能錯過桂花醪糟，差點沒從西安帶一罐回
家。那是市場可買到小罐裝的醪糟，罐子非常精緻，上有英
文名稱：Wine Taste Rice（酒味飯）。譯得有點可笑，但想想
也不無道理，只是不知洋人酒客懂否。

我有一位朋友，上海人，喜歡自製酒釀，最拿手的是紅酒
釀，我有幸偶爾得以分享。另有一友，北方人，每次聚餐，
她都攜來自己蒸的酒釀，用匙舀着吃，清香微甜，十分美
味。香港的廣東人絕少懂得這門功夫，就是買也得去上海雜
貨店才有。

筆者極欣賞金陵飯店的酒釀香
芋，兩種食材的配合佳絕。

鮮豔可愛，薯嘜！

和一位久未聚首的老友碰面，只見他臉色紅潤，精神清爽，前後判若兩人。近年這位朋友工作繁重，酬酢又多，勞累得身體每況愈下。原來去年他遇到一位好中醫，治好了老毛病，同時進行調理。他找回健康另一關鍵就是改變飲食習慣，以薯類代替米飯，腸胃感覺非常好。這當然有道理，《本草綱目》說過："海中之人多壽，亦由不食五穀而食甘藷（薯）故也。"

我非因為健康，本愛吃蕃薯和所有薯類。上館子吃牛排配的焗馬鈴薯，熱辣辣填入牛油、酸忌廉和韭菜碎，絕對美味，啃白煮蕃薯也很享受。問題是薯類澱粉高，即使不加調料，也是怕吃了發胖。見老友吃薯吃得如此健康，我做了點研究，始知蕃薯雖甜，但熱量比米飯低，內含的糖是直接化為熱量的，致肥元素比米飯少，絕對可以作主食。

想想也是，歐洲人和美國人都吃馬鈴薯，正如我們吃米飯。馬鈴薯原非歐洲人的主食，是哥倫布發現新大陸後帶回歐洲的，最初只是窮人填飽肚子的食品，但到了十七世紀就已成為歐洲最普通的主食，與麵包分庭抗禮。蕃薯之名為"蕃"，表示由外國傳入，中國蕃薯頗有轉折的來歷。甘薯同樣是美洲土產，也是由哥倫布從印第安人那兒取得，帶回歐洲獻給西班牙女王。西班牙商船後

來把甘薯帶到菲律賓,當年稱為呂宋,明朝萬曆年間再由呂
宋帶到廣東,再傳至福建,文獻有明確記載。薯類粗生,很
貧瘠的土地也能生長,一直被視為賤食和窮人療飢的粗糧。

薯類近年是美國的熱門健康食品,因為纖維高營養好,而且
薯含硒,據說可以抗癌,當中紫薯的硒含量更是蕃薯的十
倍。現在市場上品種多了,在亞裔市場和唐人街連新鮮山藥
都能買到。紫薯以前在美國很難買得,如今見於普通超市,
稱為日本紫薯或沖繩甜薯。

兒時愛吃街邊小販的鐵桶焗蕃薯,母親常說:"你們沒試過
捱蕃薯的滋味!"蕃薯真冤枉,滋味其實很好。以前我喜歡
吃黃心蕃薯,甜得有糖漿滲出,後來鍾情紫薯,像吃栗子。
我有一位朋友對植物很有研究,糾正了我對紫薯的一些誤
解。原來紫薯不屬於蕃薯而屬於甜馬鈴薯。這樣一說,我就
想起紫薯的質感果真似馬鈴薯,也沒有蕃薯的糖膠質。

我另一個誤解是叫 ube 的菲律賓紫薯,亞裔超市有急凍包
裝,最初我以為是芋,買來煮西米露,紫得非常漂亮。原來
那不是芋,也不是薯;雖然叫紫薯,其實是一種藤生果實,

近年中國宴席常常會上一道雜糧盤，紫薯山葯（鮮淮山）是主角。

似薯，粉質很重，是菲律賓人日常食料。那麼菲律賓的紫芋冰淇淋，材料應該是 ube 而不是芋頭（taro）吧？又錯了，這位有識的朋友說，菲律賓香芋冰淇淋的確用芋頭，只是添加人工色素變成紫。細讀盒上說明，果如是。奇怪，既然到處有 ube，何必香芋"整色水"？

話說回來，在《本草綱目》讀到"白薯可蒸、切、曬收，充作糧食，使人長壽……補虛乏、益氣力、健脾胃、強腎陰。"試以真正紫薯如法炮製，有一段時期是我寫稿時的健康零食。

以《本草綱目》蒸、切、曬收
的方法，改用紫薯，成為美麗
的零食。

營養師鼓勵多吃彩色蔬果，
薯仔的顏色也愈來愈多。

多情薄情，花椒非椒

朋友搬了新家，興奮地來電說："我們門前那兩株是花椒樹！近日鄰居拾取地上的花椒談起才知道。你不是喜歡花椒嗎？快來拾一點罷。"

這是極其吸引的事，立刻前去。兩株數十呎高的大樹，其中一株真的掛滿粉紅深紅夾雜的椒粒，地上也不少。拾起一粒揉開，果然有淡淡椒香，放在嘴裏有一種青澀的辛味，但是不麻。

我想這似花椒，卻一定不是花椒。回家查看《植物誌》，原來這種看似花椒胡椒的植物學名叫 Schinus Molle，俗稱美洲胡椒、秘魯胡椒或粉紅胡椒，可作食用香料或入藥。它有殺菌和輕微麻醉作用，一些風濕藥、牙痛藥和鎮靜劑都有其成分。粉紅胡椒的辛香比黑胡椒淡薄，很少單獨作香料。由於顏色美麗，市場常見瓶裝的彩色胡椒，很多就是混入了粉紅胡椒。

《植物誌》上說粉紅胡椒樹長得極快，生命力強，總是雌雄一對，雌樹才結果，加州各地遍生。這提醒了我，這種樹在附近公園有很多，秋冬時串串紅珠掛滿綠樹，我還拍過照片。如果真的是花椒，那多好！

在美國，好的花椒難求。我曾偷偷從四川帶回，但無論如何存放，兩三個月就香氣漸失，色澤變黑，麻辣全無而且味苦。為此我還寫過短文，歎花椒薄情，愈易失去的，愈惹相思；當然，指的是麻與香。後來和四川饞友談起，始知花椒有如普洱茶，毋需密封，反而用紙袋包着，放一年都沒問題。以前美國為防蟲害而禁止旅客帶花椒進口，2005 年已經解禁。

也想不起甚麼時候開始愛上花椒，但印象最深是 1993 年遊長江時在酆都吃到的葱油餅。遊船在清晨泊岸，我到鎮上遊逛。店舖都未開門，忽然陣陣油香飄來，只見巷口有一小攤，鐵桶火爐上架着一個平底大鍋，兩名少女一人擀麵，一人煎餅。我買了兩個，少女從油鍋夾起的餅用紙承着，拿起小罐灑上一點兒花椒粉。外脆內軟的葱油餅又香又麻，當時我真覺得是世上最好吃的東西！

我又想起先家翁特級校對常常提起的一個花椒故事。三十年代他到四川，在長江山城上見老鄉挑着竹簍賣蛋，簍裏的花椒甚佳。他掏錢欲買，誰知老鄉說不賣，花椒只是用來藏雞蛋以免碰壞。在貧脊的山村，雞蛋值錢，花椒卻是賤物，

用作墊料。特級校對靈機一動，把整簍雞蛋買下來，雞蛋分送他人，自己留下一大袋花椒。

中國人食用藥用花椒歷史久遠，兩年前為了編彙一本古代食譜，涉獵了不少古書，當中有明代高濂的《飲饌服食牋》，書中食譜常常提到花椒；我愛此物幾乎到了上癮程度，所以特別注意。花椒有一種揮發油，其麻獨一無二；世界不少地方有胡椒，但只有中國出產正宗花椒。

掛滿串串紅果的加州粉紅胡椒，煞是美麗。

一直以為花椒是胡椒的一種，誰知錯了。胡椒屬胡椒科，原產於東南亞，歐洲中世紀時是非常昂貴的香料，其價比金，可作貨幣，尤其用來納稅和交佃租。胡椒也是歐洲人航海東行尋求香料的主要目標之一。中國最好的花椒產於秦嶺南北，北邊的

麻辣口水雞，花椒乃川菜的靈魂。

叫秦椒，南邊的是川椒，所以花椒又叫秦椒、川椒、蜀椒，屬蕓香科，與胡椒半點親戚關係都沒有。

原來花椒非椒。可惜朋友家和附近公園的只是加州粉紅胡椒，一場美麗的誤會。

明代食譜《飲饌服食牋》裏經常用上花椒。

鵝肝和鴨潤

我的好朋友三藩市食評家馬朗非常"廣東"，喜歡把肝寫為"潤"。有朋友問："他寫法國菜時常提到鴨潤，究竟是甚麼東西？"廣東人叫肝（忌諱"乾"）為"潤"（須讀粵語上上聲），可想而知問者是外省人。馬朗兄譯 Foie Gras 作鴨潤而非鵝肝，頗有道理。Foie Gras 乃鵝或鴨的肥肝，法國傳統是鵝肝，但在美國餐廳吃到的多是鴨肝，因為美國肥肝農場養鴨不養鵝，只生產鴨肝。無論鵝肝鴨潤，本土的外國的，加州人享受到 2012 年，之後吃就要到別州尋去了。

加州議會早於 2004 年立法禁止生產和銷售鵝鴨肥肝，但法律緩至 2012 年生效。加州是第一個也是唯一有此立法的州：紐約州的動物權益團體一直推動，目前尚未成功。芝加哥市議會 2006 年曾立法禁售，但 2008 年法律被推翻。

加州有超過三百家供應肥肝的高級餐廳，當年加州餐館業協會大力反對禁例而無效，法國餐廳和動物權益團體之間的爭辯更是劇烈，但法案還是通過了。一位法菜名廚說："美國人最愛的淨雞胸肉，雞不但被剝皮，且被拆骨，難道就不可怕嗎？"

美國全國只有兩家養鴨取肝的農場，在紐約州有哈德遜谷（Hudson

Valley）鴨肝公司，創始於 1989；另一家就是加州酒鄉的索諾瑪鴨肝公司（Sonoma），成立於 1985。動物權益組織一向反對吃鵝鴨肥肝，抨擊強餵飼料令鴨肝病變發大是極其殘忍之事，最後成功推動加州立法禁產禁售。索諾瑪鴨肝公司自然成為被針對的目標，鴨子不斷被偷，設施被惡意破壞，一些出售鴨肝醬的零售店舖也受到滋擾。

為了迎戰動物權益組織，索諾瑪鴨肝公司安排議員參觀鴨場，又反駁聲明飼養和"催谷"過程絕無虐待，鴨子快樂成長。鴨子出生後，先在溫箱飼養五至八星期，羽翼豐盛即搬到胡桃果園放養兩個月，最後才送到槽養場強餵催谷，兩星期後肥鴨出欄。槽養場有恆溫環境，33 平方呎的槽養 12 隻鴨，每日用人手以機器漏斗定時定量強餵熟粟米。飼料從漏斗通過食道直入鴨胃，每次只需幾分鐘，鴨子甚至沒有不舒服感云云。

美國各地反對虐待動物和推動禁售肥肝的運動方興未艾，業界早料到會走投無路，紛紛尋找變通之法。有人嘗試放棄強餵而在冬季鴨子膏脂最厚肝最肥時宰殺，有人倡議用膠管代替鋼管餵料，又有人試驗動手術使鴨"食極唔飽"而不斷自行進食……三藩市一些餐廳近年開始推出鴨肝替代品，例如雞肝醬等菜式。據說所有辦法尚未能讓食家滿意。

三藩市一向前衛，禁令生效之三年前，市議會已推出餐廳自願停賣肥肝計劃。名廚 Wolfgang Puck 宣佈支持，其名下餐廳停售肥肝，並表示自己的哲學是飲食、愛心與生活共存。老實說，我不敢肯定這是理想，是適應潮流，還是乘勢的宣傳。

我吃法國原產鮮鵝肝的經驗不豐，難以比較，但哈德遜谷或索諾瑪的土產肥肝質素非常不錯，價錢比法國貨相宜得多。兩磅左右的 A 級鮮鴨肝，市價每磅 50 美元，美國肥鴨肝可謂質量優價相宜，可惜 2012 年之後已難彈此調了。

在加州禁售法國鵝肝之前，我在老友廚師的館子吃了一次近乎完美的煎鴨肝，外焦內溏，作配菜的小塊粟米餅吸了盤中汁液，質感層次複雜，味和而有深度。那比此前在三藩市名店 Gary Danko 吃的還要好。唯一的 "抱怨" 是廚師厚我，鴨肝分量特大，吃膩了。少吃多滋味，絕對有道理。

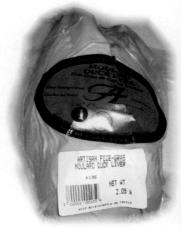

一塊超過兩磅的索諾瑪鴨肥肝，屬 A 級貨。

鹿鳴春的糟溜鴨肝，
接近梁實秋所形容的風味。

這印證了文人美食家梁實秋所說的肝須精吃，他指的是糟蒸鴨肝："糟蒸鴨肝是山東館子的拿手，而以北平東興樓的為最出色。東興樓的菜出名的分量少，小盤小碗，但是精，不能供大嚼，只好細品嚐。所做糟蒸鴨肝，精選上好鴨肝，大小合度，剔洗乾淨，以酒糟蒸熟。妙在湯不渾濁而味濃，而且色澤鮮美。"

極好的糟蒸鴨肝，我偶爾可以吃到，在尖沙咀鹿鳴春，要講緣分。熟客預訂，買手當日要到街市搜羅新鮮的黃沙鴨肝。烹調時間必須配合，即蒸即上桌，客人還須立刻舉箸，否則軟滑溏心的肝會過熟，姿采頓失。用匙拌上濃而甜香的湯汁一起送進嘴巴，滋味難以形容。

烹肝最重火候恰到好處，過生則腥，過熟則硬，失去肝的獨特質感。中式烹肝，平生吃過兩種佳品，糟蒸鴨肝為其一，但並不是每次都吃得好。其二是幾年前北京利群烤鴨店的滷水浸鴨肝。這胡同小店，廚房淺窄，浸鴨肝的鍋不大，僅熟即取出，因為還有其他的要等着下鍋。浸得僅熟的滷水鴨肝是冷盤，甘香滑膩不下於法式鴨肝醬。可惜此店近年生意火紅之後，鴨肝的火候掌握已大不如前。

廣東腰潤粥裏僅熟未熟的黃沙豬潤,是我兒時最愛吃的東西之一,現在大家怕了膽固醇,又忌諱不熟的豬肝,尤其在美國,恰到好處的腰潤粥根本無處可找。三藩市唐人街的老式酒樓偶爾還有豬潤燒賣,只是那片豬肝又乾又硬。倒是近年到北京,好友經常請我到景山北面一家店吃涮羊肉,並預留羊肝。涮鍋自行控制火候,半熟的羊肝蘸麻醬汁,質感比豬潤細滑得多,而且有羊味而無膻腥。另外,在成都吃過錦江邊夜店的簡陽羊肉湯,滑嫩的羊肝放在湯裏一涮,毋須醬料,鮮美天成。

筆者在三藩市 Gary Danko 吃的櫻桃汁配煎鮮鴨肝。

年前北京利群烤鴨店的冷盤鴨肝。

現在少有機會吃香港的臘腸,美國有一牌子的廣式鮮潤腸
(與潤腸有別)很不錯,有潤腸的甘香,但質感軟滑,肝味
鮮而濃。加拿大有一字號的也不錯。把鮮潤臘腸斜切薄片,
在鑊裏稍煎,或在烤箱稍烘,甘香無比,是絕佳的下酒物。

一般美國人在飲食方面甚保守,不吃內臟,請美國人吃粵式
生滾豬潤粥,多會被拒絕,但高級法國餐廳三十美元一客的
鵝肝卻被視為珍饈,此間概念的落差,實在無話可說。法國
鵝肝為老饕推崇,其實在中國飲食文化中,肝也有相當地位
和學問。

明代八珍之首為"龍肝""鳳髓",究竟龍肝是甚麼東西尚有
爭議,但遠在二千多年前,中國人早已視肝為美食。《周禮》
記載古代八珍之一的"肝膋(粵音聊)",即是狗肝。烹法是
"取狗肝一,幪之以其膋,濡炙之。"根據漢代鄭玄的註:
"膋,腸間脂。"狗肉是古代的主要肉食之一,如豬羊一樣
普通。用黏腸的肥膏包着肝,放在火上烤,焉能不酥香味
美?

烤乳豬，炸火腿

老友旅遊西班牙歸來，竟謂未嘗其乳豬，遺憾！旅行團總是行程緊湊，除非是優悠美食團，否則難有機會吃到水平較高的地方風味。年前我到馬德里替一國際會議工作，當中有半天休會，兩位西班牙語翻譯同行都是老饕，帶我們到一家老店吃午餐，結果從一時吃到四時半。我固然貪饞佳餚美酒，但心裏也難免想着去博物館的計劃要泡湯了。歐洲人進餐是一種生活享受，我等旅人即使能品嘗人家的美食，也未必能體驗那種酒饌當前時間不是時間的境界。

西班牙有兩種美食，至今想起來還使我垂涎的，燒乳豬和酥炸火腿粒。燒乳豬是西班牙傳統名物，最馳名乃人盡皆知古城塞哥維亞（Segovia）的 Meson De Candido 餐廳，五百年歷史的老店，據說老闆在客人面前把乳豬切開分好，就會把盛乳豬的白瓷盤往地上擲碎，變成該店傳統。這樣的特色不見得有甚麼意思，不環保，最重要的是乳豬好。我沒有去過塞哥維亞，但在被稱為歐洲長城堡的阿維拉（Avila）和馬德里，都吃到極好的燒乳豬。

會議的西班牙翻譯員識途老馬，我們去了馬德里市府廣場旁邊一家老店 Las Cuevas de Luis Candelas。餐廳在一個窰洞裏，十九世紀初這裏是賊巢，賊頭叫 Luis Candelas，年僅廿八歲就被捕處死。洞穴在 1949 變成酒吧餐廳，到今天仍然每天滿座。那晚我們先來伊比利亞火腿片，再吃乳豬，和西班牙老饕一起，一瓶又一瓶的葡萄酒不在話下。

廣東人吃乳豬片皮斬件，上碟蘸醬，精緻斯文。西班牙人吃得粗豪，所用乳豬比廣東乳豬小，除卻豬頭，全豬一分為四，客人可以選擇前腿或後腿部分。那次我在不同地方吃了幾回，論皮脆似不及片皮乳豬，但整塊上碟，切開或撕開時脂汁如漿，肉質鮮嫩更勝廣式。

餐廳店前櫥窗擺放別出心
裁的乳豬以及吸引客人。

六分肥四分瘦的酥炸伊比利亞火腿粒。

在香港吃乳豬要上酒樓，除非預訂，一般燒臘店也沒有乳豬供應。西班牙不同，幾乎每家餐廳都有，像美國餐廳賣豬扒牛扒一般平常。不少店前櫥窗裏，乳豬"打扮"成各種模樣吸引客人駐足，有"拍拖"的，有戴上太陽鏡，也有在講手機的，"與時並進"，不失幽默。肉食店和超級市場也有新鮮乳豬供應，如同全雞全鴨，可以買回家自行炮製。

除了乳豬，西班牙著名的當然還有火腿，我至今念念不忘的不是切片凍火腿，而是酥炸火腿粒。馬德里有一家專賣伊比利亞火腿的連鎖店 Museo Del Jamon，內設美食酒吧，其中一家在下榻的酒店附近，我光顧了多次。酒吧不設座位，客人站着圍繞酒吧吃喝，黃昏時分熱鬧得很。第一次酒保推薦酥炸火腿粒配黃金啤酒，一嚐驚為美味，並且價錢便宜。西班牙火腿中以伊伯利亞火腿質量最高，必須是用伊伯利亞黑豬所製，價錢也最貴。我們吃的炸火腿粒便宜，緣於用的是極肥的部分，大概是六分脂肪四分瘦肉，這樣的火腿粒即時炸透，甘香可知，入口酥化，何況配以大口大口的冰凍啤酒！

幾天下來，烤乳豬、炸火腿粒吃得不亦樂乎，後果是不願看自己發胖的旅行照片。

菜貴而求諸野

近年百物皆漲，尤其冬天到唐人街買菜，新鮮蔬果有時貴得有點不忍下手。菜心、芥蘭、芥菜、苦瓜都超過兩美元一磅，豆角、豆苗更要三元。我還好，可以吃西洋菜，不必花錢，家旁小溪就有野生西洋菜，當然是新鮮有機的！

讀過香港環保飲食作家陳曉蕾寫新界碩果僅存的西洋菜農羅伯："…… 我有幸去過羅伯的家，吃過有機西洋菜。果然跟街外買到的不同，很鮮很嫩，入口一點渣也沒有。煮出來的湯，很有菜香，非常清甜。隨便用來清炒，不會又硬又乾，嫩滑如初摘……不過羅伯說他仍未滿意，他舉起手掌，比劃着說：我就是想種出幾十年前，那樣味道的西洋菜，不但鮮甜、有菜味，更要有手指粗。"

這正是形容我常吃的西洋菜，隨手採摘，何止手指粗，是兩隻拇指那麼粗，有時高逾兩呎。家旁有一道小溪，長年都有野生西洋菜，我經常採來熬湯，或摘取嫩尖，用蒜蓉清炒或白灼油鹽涼拌，均妙極。美國人不太認識西洋菜，洋鄰居見我採摘，常問那是甚麼東西，能吃嗎？附近好像只有我採摘，溪邊的西洋菜採之不盡。春天菜最粗壯茂密，填滿小溪；隨手拔四五棵就足夠熬一大鍋老火湯。

野生西洋菜在溪水中初露。

到訪的老友都說愛吃我的西洋菜湯，若逢春夏之交，他們還可以摘滿幾袋帶回家。加州到處都有野生西洋菜，有清水溪流就能找到，不過少有像我家小溪的粗壯。我們沿溪有幾個小池塘，野鴨肥鵝大雁甚多，水裏有天然的肥料，西洋菜當然長得好。

菜名為西洋，自然是外國傳入的物種，有說是十九世紀葡萄牙人引進，也有說是六七十年前一個葡萄牙華僑帶回廣東的。無論如何，西洋菜早已是廣東人日常蔬菜，我有不少北方朋友根本不識此物。其實西洋菜是人類最古老的食用葉菜，歷史記載超過三千年，原產於歐洲和中亞。古希臘人常吃西洋菜，菜名在希臘文的意思是使頭腦鎮靜的食物，據說可以醫治小孩精神紊亂。

希臘人知道西洋菜的補益並不出奇，那是生活積累的智慧。現代植物學則證實西洋菜熱量低而營養價值高，絕對是健康食品，含有豐富維他命 A 及 C、鐵、鈣、碘和葉酸。豐富到甚麼程度？原來一安士西洋菜含鈣多於一安士牛奶，維他命 C 比等量的橙高，鐵比等量的菠菜多；有抗氧、利尿、化痰等多種功能，更有人相信可以抗肺癌。英國素咸頓大學曾經有研究初步顯示西洋菜能抑制乳癌，正在做跟進研究。

益補固然好，美味才是我喜愛西洋菜的原因。美國人不太吃西洋菜，通常只有大超級市場才有，與洋莞茜、時蘿、迷迭香等香菜放在一起，只作沙律配菜。如果沒有小溪的野生西洋菜，我就要到唐人街買了。美國市場上的西洋菜，總量百分之二十五是華裔消費，我相信絕大部分是咱廣東人。

慢火熬的南北杏、鮮陳腎、陳皮、瘦肉、西洋菜湯透出的香氣，未曾真飲已滋潤幾分。菜貴而求諸野，羨我乎？

滋潤老火湯食材，南北杏、鮮陳腎、陳皮、瘦肉從市場買來，西洋菜是野生的。

這條小溪幾乎全年供應筆者野生西洋菜！

三六從此禁，神仙企得穩！

2010 年中國發表有史以來首條《反虐待動物法》草案的《專家建議稿》，那是由一批法律專家草擬向立法機關建議立法的。建議草案獲得保護動物和生態等組織的歡迎，希望盡快通過，但也引起極大爭議。爭議最大的焦點是全面禁止食用貓狗，反對的人認為有違很多地方的風俗和傳統生活習慣。建議稿其中條款是"禁止屠宰、食用或銷售犬、貓……個人處罰五千元人民幣……單位和組織處罰一萬元至五十萬元人民幣。"

我並不反對禁止宰食貓狗，但對主張的理由卻有異議。大多數支持立法的人認為貓狗是寵物，有別於豬、牛、羊，不能宰食。另外，一位參與草擬的法律學者表示該項立法與中央提出抵制三俗（庸俗、低俗、媚俗）的精神完全相符，這也未免過分政治正確吧！

個人不願意吃狗，但我對於宰食狗為低俗之說不以為然，把狗肉與寵物狗拉上關係也沒有太大的說服力。吃狗肉是很多亞洲國家的傳統，包括中國，尤其為接壤韓國的延邊，還有南方的貴州和兩廣地區。自古至今，食用狗一般都是飼養作

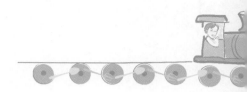

肉用的；除非鬧饑荒，大抵也沒有人會吃洋狗、哈巴狗或各種寵物狗。

狗在古代中國是日常肉食，《周禮·天官》："庖人掌共六畜。"庖人是廚師，六畜即馬、牛、羊、雞、犬、豕。另《周禮·秋官·犬人》裏，犬人就是專門選犬和牽犬的人，唐代賈公彥註疏解釋："犬有三種：一者田犬，二者吠犬，三者食犬……若食犬，觀其肥瘦。"這說明最少在周代，狗與豬牛羊同為食用牲口，古書且有不少狗肉的烹飪法。例如古代八珍之一的"肝膋"即為烤狗肝：取狗肝一副，用狗本身的網油包着放在火上烤，直到網油焦香。書籍記載漢代狗肉的烹調法不少，有狗醢羹、狗苦羹、犬肝炙等等。又例如被稱為古代生活百科的《齊民要術》記有稱為"犬牒"（蛋蒸狗肉）的著名食譜：用狗肉三十斤，小麥六升，白酒六升，煮滾三次，把湯水換掉。然後用小麥和白酒各三升，慢煮至肉離骨，再用三十枚雞蛋混和擘碎的狗肉，放在甑中蒸至蛋乾，用石壓一夜，第二天食用。魏晉南北朝以後，狗肉的菜式就更繁多了。

我兒時吃過狗肉，最近一次則是在長白山下。那次和友人乘夜車清晨到達吉林延邊安圖市，轉乘小汽車上長白山，半路在一小鎮吃早餐。那是朝鮮族人開的小飯店,非常潔淨,客人席地而坐。喝過熱茶,老闆娘即奉上每人一碗熱騰騰的狗肉湯。司機說這是朝鮮族的"例湯",每餐都要喝的,包括早餐!浮泛着幾點葱花的湯內無肉,味濃而鮮,不說大抵我不會知道是狗肉湯。隨後是一盤切得薄薄的熟肉,當然也是狗肉了。我有點不自在,勉強吃了一片。

狗肉既為尋常肉食,自然有屠狗的職業。"仗義每多屠狗輩"本是俗諺,但於我卻有切身體驗。小時家住山上木屋,父親的朋友不少是馬伕和街市商販,他們冬天想吃狗肉又不敢在街市屠宰,常借我家行事。因為吃狗肉是犯法的,呼朋喚友也只說吃"三六",三加六為九,粵語"九"與"狗"同音,這是外省人聽不懂的。燜煮狗肉香傳十里,他們還要留意有沒有警察逐味而來。這些殺狗吃狗的雖是粗人,但真的講義氣,誰家有事,出力出錢一呼百應,非常齊心。我家兩度被颱風全毀,這一班屠狗朋友每天幹完活就來幫忙,木屋就是這樣重建起來了。

社會隨着時代轉變，文化會不斷發展，古代的飲食習慣並不一定會保留。然而若不了解歷史文化背景就批評吃狗肉為不文明，就會流於偏頗。

愛吃狗肉的廣東人形容"狗肉滾幾滾，神仙企唔穩"。如今"三六"快將禁絕，神仙也就可以站穩了！

這是山東一幅東漢磚畫的線條白描，庖人在廚房宰狗和屠豬牛。

不瘦不俗的童年

"**無**竹令人俗，無筍令人瘦。"按蘇學士的說法，我的童年既不俗，也不瘦。

竹是童年回憶不能忘懷的部分，那時家住跑馬地山上木屋，屋旁有一林粗壯的綠竹。寮屋沒有水電供應，父親砍下竹竿，破成兩半，挖去竹節橫隔，一截接一截用鐵線連駁起來，把山上的泉水引到屋邊。泉水的源頭從畢拉山一處石岩而出，有一股清甜味，我是吃了二十多年這樣的"竹水"長大的。

竹是孩子們的玩具，竹枝是大俠的劍，竹葉是將軍背上的旌旗。竹葉邊非常鋒利，我們常常給劃破手腳。最好玩又最讓人驚歎的是初生的竹筍。暮春時，鋪滿枯葉的竹林會冒出很多尖筍，小筍長滿鬚毛，弄到手腳上癢得要命。這些毛茸茸的東西幾天就變成一株小竹。尤其在雨後，春筍生長之快，沒有見過的人恐怕很難想像。無聊時我和弟妹會去鬥數竹筍，看誰數得最準確，或者用腳踢斷筍芽為樂，唯是不懂得採吃。

母親像大多數廣東人一樣，少吃筍，認為"濕毒"，但酸筍蒸魚頭或蒸牛肉卻是我們的家常菜，其味之和，菜汁可以拌幾碗白飯。我是長大後始知竹筍如此美味的，回想在中文大學工作的歲月，三天兩日在好友美慶家燒飯，她有一手傳自母親的南京菜廚藝，見我炒筍先汆水就氣："為甚麼廣東人烹筍總是先汆水？"我說："去澀味，減濕毒嘛！"這是我母親的說法。吃過美慶不汆水的爆炒筍，我不得不承認，談到吃筍，江南菜自勝一籌。

筍之美味，我又想起羅孚伯和伯母，多年前他們旅居加州，我常去探望。羅伯母有一道自創的筍粒臘鴨鬆，讓人飽了仍想添飯。她花足功夫把鮮筍和浸過的臘鴨腿切成米碎般細，炒得香香。我回家也曾試做，可是沒耐性，筍和鴨肉都切得不夠細，也不夠均勻，吃起來差遠了。老人家的溫情菜就是不一樣。

跑馬地山上的木屋早已清拆二十多年，山路上長着的竹叢至今仍在。

我嗜筍，移居美國，食之憾事之一是沒有鮮筍。廣東人雖不太吃筍，可是美國的粵菜館都用筍，罐頭筍片筍條是飯館菜餚的"百搭"，那是便宜方便的作料。罐頭筍或急凍筍軟而無質感，我覺得難吃之極。罐頭中唯一可接受的是以前某牌子的回鍋肉，筍炒得乾，雖遠不及鮮筍，還算不錯。不知何故，近年連這種罐頭回鍋肉都變了質，舊日滋味不再。

竹不是適合生長於美洲的植物，美國只有東南沿大西洋岸的溫濕地區有一些。筍雖是美國中菜必備之料，但鮮筍難求，大約十年前舊金山唐人街才開始有鮮筍，曾令嗜筍朋友奔走相告。那時鮮筍要五六美元一磅，並且包着粗殼，剝下來的筍肉只有兩三安士。後來較為普遍了，如今肥大冬筍，最便宜時只是三美元一磅，香港所見差不多。

筍無論怎樣烹我都愛吃，切片放進即食湯麵裏也是美味，最喜歡的是筍炆豬肉和醃篤鮮。最難忘則是年前在南京金陵飯店吃到的蝦子冬筍；粒粒蝦子黏在筍塊上，吃完碟裏乾乾淨淨，不留半粒蝦子，沒有些兒芡汁，正是高手廚師"掛芡"的最高境界，那滋味足以饞死人！

因愛吃筍，任何筍食譜我都會一看，但以下這道焗竹筍就絕不會試："竹筍切粒放入焗盤，另用平底鍋煮 4 茶匙牛油，混 4 茶匙麵粉，加些牛奶使之變稠，再加 4 茶匙磨碎芝士和 1 茶匙鹽，煮成漿；把漿傾在竹筍上，放入 350 度熱的烤箱焗 30 分鐘即成。上桌時灑上辣椒粉。"食譜說明不能用新鮮筍，我對罐頭筍或急凍筍興趣全無。一望而知這是洋菜譜，別小覷它，那是華盛頓大學"蔬菜研究中心"提供的竹筍食譜。

美國人除了在中菜餐館吃到筍之外，家裏不會以筍作食材，洋食譜列入竹筍倒是新興物事。美國只是東南部有竹，但不多。隨着亞裔人口漸多，華盛頓州已開始有種竹取筍的農場，怪不得華盛頓大學也推廣筍食譜了。最近我在華人超市買到的冬筍很新鮮，大而脆嫩，也算便宜，可能就是華盛頓州土產貨。

竹長於山野，生命力強，竹筍生長迅速，可謂成本極低的綠色食品。中國古食譜裏的烹筍法多不勝數，因為竹筍自古是家常食材，而且嗜筍的老饕不少，例如蘇東坡說"無筍令人瘦"，袁枚認為"海菜（海鮮）不佳，不如蔬筍。"

營養師都推薦多吃彩色蔬果，現在市場上琳琅滿目，但讀者一定未見過本文配圖中桃紅色的筍尖，因為這是筆者的"傑作"；根據元代名食譜《雲林堂飲食制度集》的醋筍變出來的。雲林食譜的作者為元代四大畫家之一的倪瓚，老饕一名，所創雲林燒鵝流傳數百年。我讀到書中的醋筍法："用筍汁，入白梅、糖霜或白砂糖、生薑自然汁少許，調和合味。入筍淹少時，冷啖。"用白梅作酸汁而不用醋，這是中國古食譜中常見的。

我想像這樣的醋筍定是清爽而帶梅子香，於是如法炮製。作料皆平常之物，問題是美國何來白梅？那時剛好門前的紫葉梅結果滿樹；紫葉梅子像大櫻桃，皮色深紫，貼近皮的肉甜似蜜，但近果核則比醋還酸。我以之代替古譜的白梅，果然甜酸和味，更想不到是色相誘人，絕對乃色味俱佳的涼菜。

倪雲林的醋筍我還可以依樣葫蘆，但有些筍食譜卻是現代家居難以炮製的，例如於我十分吸引的筍油和筍粉。清代顧仲《養小錄》和袁枚《隨園食單》均提及山僧的自製筍油。顧仲所記的製法是用鹹筍乾煮汁，換筍不換汁，所以色黑而潤，味鮮而厚，勝於醬油。袁枚的製法不同，用十斤筍，蒸一日一夜，穿通筍節，然後鋪平，上面用板加以壓榨，讓筍汁流出。榨過汁的筍曬乾，就是筍脯。筍汁加一兩炒鹽，即成筍油。我相信筍油會比豉油濃鮮，可惜從未得嚐。

另一個我很嚮往而自製不得的是《養小錄》裏的筍粉，製法是用老筍頭，切極薄片，曬乾後磨粉貯存，隨時可用來調湯、燉蛋或拌肉。那是多麼綠色的有機健康調味品，使用方便，概念十分摩登。食品廠是否值得考慮推出？

| 1 |
| 2 |

1. 美國開始有種植食用筍，華人超市的冬筍嫩而脆，可能是華盛頓州土產。

2. 以紫葉梅代替古譜的白梅，醃成桃紅的筍不但可口，色相更是誘人。

矜貴的樽鹽

年前香港記者協會周年晚宴，每席放了一瓶食鹽，瓶上有
"我哋有樽鹽"的標語。此地朋友讀報，問何解，我說你用
普通話唸唸，再加一點聯想。老友想了一下，恍然大笑。"樽
鹽"諧音"尊嚴"，近年的潮語。如果追上美國飲食潮流，
桌鹽花款繁多，記協可能要改為"我哋有幾樽鹽"，不過意
思當然就完全不一樣了。

普通西餐廳的桌上，通常有黑椒和白鹽各一瓶，但我在波士
頓一家亞洲 fushion 餐廳吃飯，桌上竟有四瓶鹽。四種不同
顏色的鹽盛在精緻的小玻璃瓶，瓶子還掛了小紙牌，白色的
是普通鹽，淺棕的是煙燻鹽，深灰的是夏威夷鹽，粉紅的是
喜瑪拉雅山鹽。除了名稱，還有鹽的來源和鹽味特色的描述。

這讓我想起加州名店 French Laundry。忘記吃到哪一道菜，
侍者捧出一個銀盤，盤有六格，放了不同顏色的鹽。侍者認
真地逐一介紹，可惜她說得太快，當時我唯唯應着，只記得
其中一種是甚麼的黑鹽。後來在三藩市一家香料店看到印度
黑鹽，我買了幾包送朋友。黑鹽不黑，是粉紅色的。

波士頓那一家算不上精緻餐廳或名店，對鹽竟然那麼講究？

小瓶即磨桌鹽和印度黑鹽。

請我吃飯的當地朋友說是新興潮流，
不同的鹽配不同的菜，好些餐廳都如是。

好奇心起，回到加州我到附近一家高級超市去，居然找到十多種
鹽，並且有不同牌子。粗鹽、雪花鹽（Flake Salt）、花鹽（Fleur del
sol）、意大利鹽、夏威夷鹽（還分紅與黑，加了火山鐵礦物質的）、
印度黑鹽、法國灰鹽（Sel Gris）、煙燻鹽……鹽都佔了大半個貨架，
果然是潮流所在。

在美國普通超市一般只能買到幼桌鹽和猶太淨鹽（Kosher salt），
較大的店可能買到粗粒鹽，顆粒比粗鹽大得多，那不是吃的，是
製冰淇淋用的。白桌鹽都加了碘，圓紙筒一磅裝，不到一美元，
很便宜。可能是加了碘，我總覺得有一種化學品的怪味。現在很
容易買到沒有加碘的桌鹽，以前要到健康食品店去找。不加碘的
鹽列為天然美食，價錢當然就不一樣了。

美國超市常見的不加碘
桌鹽和猶太淨鹽。

即使買到沒有碘味的桌鹽，用幼鹽炒中國菜總不太就手，所以剛到美國時，我要到處找粗鹽。唐人街可以買到，但那些粗鹽總是有點潮濕氣，過不多久就結塊，用來頗費勁。後來西廚老友教我用猶太淨鹽，那是按猶太教對水、鹽場和製作過程都有嚴格標準的鹽，有粗有幼，我也用了一段時期。最後發現韓國超市的海鹽最好，乾爽，而且真的有點海洋氣味，我一直用着。

潮流興五花八門的鹽，各有細緻風味，當然價錢就不便宜了。例如近年流行的灰鹽採自英法海域，天然灰色，聽說有該海域的特別海水味道，八美元一磅，不算貴，是廚師近年的至愛。更高一級的是法國進口花鹽，十五美元一磅。美國土產，最"潮"的是煙燻鹽，四點四安士一小瓶，售價五元半，附有產品說明書，教消費者認清真正木煙燻製，有別於灑上"煙水"（hickory liquid）的劣貨。貨架上最貴的一瓶是松露鹽，三點五安士，價廿四，算起來過千港元一磅。

老記們，"樽鹽"的代價，原來可以十分高！

我有一"舊"鹽！

我有一"舊"（粵語一塊的意思）鹽，這"舊"鹽真的舊，是二億多年的"古董"。

美國西南部深入地底七百呎，有一層橫跨三州的鹽岩，厚三千呎。鹽岩無雜質，非常穩定，美國在這兒挖洞作為輕度核廢料的埋藏庫。洞庫與地面平行，在垂直二千多呎地底的鹽層中間。由於工作，九十年代中我有幸陪同國際訪客深入地洞參觀。我們背了救急氧氣筒，腰纏儲電器，頭戴射燈安全帽，由專家帶領乘一個鐵籠升降機向地底進發；下降五分鐘後到達鹽洞。

當年（1992 年）鹽洞已開了七英里，地下、天頂和牆壁全是鹽岩，有點像冰雪世界。工程師教我們撿碎鹽塊，要揀結晶內藏有水珠或氣泡的。原來鹽岩含水量只有百分之一點五，有水珠和氣泡的就越古老。工程師用特製的膠袋封好送給客人作紀念品，於是我就有了這一塊帶有些微粉紅色的"新墨西哥州地底二千一百五十呎二億二千五百萬年前的岩鹽。"

新墨西哥州地底二千一百五十呎二億二千五百萬年前的岩鹽。

翻閱明代宋應星《天工開物》，當中描述陝西"海井交窮"，"其岩穴自生鹽，色如紅土，恣人刮取，不假煎煉。"這不是與新墨西哥的鹽洞差不多？

兒時看過一部鄭佩佩演的武俠片，講山上的人被圍困，缺鹽，她把厚衣浸在鹽水裏，再曬乾穿在身上，如此運鹽上山。這是我第一次知道鹽那麼重要。香港臨海，海灘泳罷，皮膚曬乾都會泛起一層鹽粉；我們從未想到缺鹽。

今天鹽是賤價的家常廚料，但在歷史上曾經價比黃金。英語裏的薪水（salary）源於拉丁文 Salarium，原義是"羅馬兵士買鹽的津貼"。直到二十紀中，鹽稅仍是英國皇室的巨額收入，1785 年有文獻顯示每年平均有一萬平民因走私鹽而被捕。英國在殖民地印度重徵鹽稅，1930 年聖雄甘地就曾經領着追隨者朝阿拉伯海作二百里長征，取海水製鹽以濟貧民。

中國歷代都設有管鹽的官衙，鹽為官賣。遠自周代已有掌管鹽政之官，叫鹽人，職責是"以共百事之鹽，祭祀共其苦鹽散鹽，賓客共其形鹽，王之膳羞，共其飴鹽。"即使現在，

炒香粗鹽焗蜆，蜆肉的鮮配合鹽香，滋味！

鹽資源仍屬國家所有,《中華人民共和國鹽稅條例》和《鹽業管理條例》規定鹽業由國家統籌,私企和個人不得開發。

鹽本身雖非人間至味,但卻是五味中不能或缺之本,中西方皆然。西方的沙律(salad),字源也來自鹽;食物缺鹽就淡而無味了。中國歷代還有不少形容鹽之美味的詩篇,例如蘇東坡有詞句:"使君留客醉厭厭。水晶鹽,為誰甜。"李白則有詩句:"客到但知留一醉,盤中只有水晶鹽。"可惜今日醫學研究顯示,現代人吃加工食品太多,普遍鹽量超標,導致各種疾病,真是始料不及。

讀到劉晉談到鹽焗雞的鹽香,我想起英年早逝的西廚朋友Walter Leung。當年他在三藩市 Watergate 為我炮製過一道鹽焗蜆,那是把粗鹽鋪在焗盤裏,蜆淺藏鹽中,放入焗爐十分鐘,吃時澆上特製醬汁。回家我稍改製法,也頗成功。我用鑊炒香粗鹽,以錫紙墊着蜆淺藏鹽裏,蓋上鑊蓋再加熱。蜆殼張開即可食,毋須醬汁,蜆肉的鮮配合鹽香,滋味!

普洱茶酥油茶原是一家

大約五六年前，雲南發生百年一遇的大旱，河道乾涸，田土龜裂，近三百萬畝茶園受災，五萬畝茶樹枯死。當時讀到新聞，我不禁想起霧雨濛濛的勐海茶山，想起了雲南茶的美麗傳說。

很久很久以前，吐蕃（西藏）國王重病一場，病後不思飲食。一天，皇宮飛來一隻美麗的小鳥，口中銜着一根帶葉的樹枝。國王摘下樹枝的綠葉，把葉尖放進嘴裏，發覺有一種特別的甘香，於是命人用葉子加水煮湯，原來不但味美，飲後更覺精神爽利。國王於是派臣民去找葉子的樹，終於在邊境漢地一片密林裏找到了。國王體驗到這種葉對身體好，鼓勵人民煮湯飲用。

故事中所說的邊境漢地就是雲南，那種甘美的健康飲品叫做茶；從此西藏人就離不開雲南茶了。

茶原產於中國已為公認，目前發現中國最早的野生茶樹就在雲南。雲南茶在何時開始運銷西藏雖然未有定論，但可以確定在唐宋"茶馬互市"時代，滇茶已是西藏人的生活所需。雲南商人販運茶往西藏最少也有千年歷史。

雲南茶都產在南部，從滇南茶區到西藏，要經過萬仞高山和險峻

筆者尋訪易武茶山"茶馬古道",
數百年的野生老茶樹濃蔭道上。

崖谷,只有人和騾馬能穿越,馬幫由此產生。馬幫用腳步開拓了川滇入藏的茶貨運輸線,近世稱為"茶馬古道"。為了便於運輸,茶商把茶葉蒸軟,用石模子壓成結實的圓餅,七餅堆起用竹葉裹緊,外用竹篾紮成一筒,六筒或八筒分兩邊放到騾馬背上,那就是"七子茶餅"。走一次馬幫入藏,來回最順利都要七八個月。由濕熱的西雙版納走到康藏高原雪域,茶葉在途中經歷氣候變化自然發酵,茶色變得深亮,並且有獨特的甘味。西藏人用這種黑褐的茶,加入犛牛或羊的膏脂來煮酥油茶。

到過西藏或川滇藏民區的朋友,可能都嚐過酥油茶;有人蠻喜歡,我則受不了酥油的膻味。無論喜歡與否,我們都很難想像香港人愛喝的普洱茶,原來與酥油茶有極大淵源。西藏人吃肉為主,雲南茶可以消膩和調養腸胃,藏人認為三天不喝酥油茶就覺得會生病。無獨有偶,廣東人也深信普洱茶消膩而不傷脾胃,是老人都可以常喝的保健茶,延年益壽。我們可以想想,如果古代西藏人不識雲南茶,雲南馬幫就不會千里迢迢翻山越嶺把茶運到西藏,那麼陳香甘雋的普洱茶會出現嗎?

雲南茶以普洱為代表，六大茶山的茶自古在此地集散，唐代以來文獻已多有記載。不過文獻所稱的是"普茶"，清代以前未見"普洱"。有關"普洱"之名，說法不一，較多人相信由宋代南詔國在"步日部"設茶馬市集演變而來，元代改"步日"為"普日"，明初改為"普耳"，萬曆年間改為"普洱"。雍正七年（1729年）清政府設普洱府，內有思茅城。現代普洱是縣，本屬思茅市。可能是名氣大吧，2007年5月，中國政府把思茅更名為普洱市。

雲南百年一遇大旱，三百萬畝茶園受災。圖為筆者2008年攝的普洱茶山。

明代一本描述雲南風貌的書《滇略》記載："士庶所用，皆普茶也，蒸而成團。"這是文獻第一次提到"普茶"是雲南人普遍飲用的茶，也是首次提到蒸而成團，也就是普洱茶流傳至今的茶團和茶餅。

怎樣蒸而成團？我曾經在雲南茶山親手製了一個茶餅，"內飛"還有簽名和日期（內飛是壓貼在茶餅上的標籤）。工序第一步是把揉好曬乾的定量茶葉放進一個小布袋，再塞進一個底有疏洞的筒子裏，放上蒸爐蒸。茶葉蒸軟後拿出，用力將袋口緊緊扭紮，打上結。傳統壓茶是用石雕出來的模子的，石模分成上下兩半，模的中心中各有圓形淺陷的洞。我把茶袋放在石模中間，人站到石模上。石模的底不是平的，要用手拉着吊繩保持平衡，身體不斷前後左右擺動，借人體重力把茶壓扁。從石模拿出茶袋，把已壓成型的茶拿出來放在疏箕上攤涼，之後貼放內飛，再用茶紙包好，一個茶餅告成。那是我在西雙版納勐海的雲南省農業科學院茶葉研究所的一次製茶經驗，好玩又有教育性。

我愛喝普洱茶，雲南去得多，朋友送的，自己買的，我可有不少茶餅，都放在客廳架上。一般茶必須密封，否則香氣散失，雲南茶不同，特色在於天然陳化。雲南的茶商好友送我珍品茶餅，囑咐毋須密封："茶葉吸氣，只要不與異味物品一起擺放便可。人能呼吸的環境，普洱茶就能生活。"想起年前拍賣了十八萬人民幣的天價陳年茶餅，買主是不是隨便放在客廳？

茶商朋友又說："不同的茶餅放在一起更好，雲南茶如雲南人，喜歡朋友。"普洱茶，原來蘊含生活哲學。

筆者在雲南親手製的茶餅，
內飛有簽名和日期。

一幀舊照勾起的茶香

翻開相冊，想找一幀三十年前在福州聚春吃佛跳牆的舊照，卻被另一張相片勾起了當年尋茶的記憶。

上世紀七八十年代，好友幾人經常結伴到國內"自遊行"，中堅分子是黃軒利夫婦與我。一行人均好茶，尋茶訪茶常常是旅行的重點節目。杭州九溪十八澗訪龍井不在話下，我們曾經下洞庭上君山，為的是當年春收的碧螺春和"三上三下"的君山銀針，也曾在福建遍尋而得的極品鳳凰單叢。

照片是武夷深山上一個茶農的家，我們在破陋的竹舍簷下品試肉桂和水仙。這是 1981 年的舊事，回想起來特有感觸，因為那是我唯一一次說服了父親同遊，他玩得很開心。我愛茶源於先父，他兒時生逢戰亂而失學，後來在診所當雜工。診所的司理郭先生非常體恤下屬，總讓父親在午飯時替他買甚麼吃的用的，買來之後一定分點給我父親帶回家。郭先生好茶，父親長年替他到陳春蘭買茶，要非陳年普洱就是上好的鐵觀音，買一斤回來他就分給父親四兩。所以我家雖然窮，喝的都是好茶。我和父親特別親近，這與自小父女一起喝茶絕對有關係。

一盞兩杯，飲茶是我與父親特別親近的秘密。

那次我們遊武夷山兩日，僱了當地導遊，是一個看起來只有十二三歲的小女孩。她話很少，只是領着我們走。我們在武夷山住了一個晚上，第二天早上準備下山，我們問她哪兒可買到當地的岩茶。小女孩怯怯地說：“我家就是山上種茶的，不知客人願意來嗎？我家種肉桂和水仙，我爸會算便宜些……我們家很窮，客人能買一點，幫補就很大了……可是在山裏，要走一個多小時……”看着那懇求的神情，我們決定跟她上山去。

女孩大概心情興奮，走得很快，回頭見我們還在後頭，就停下來等，不斷說：“快到了，不遠了！”我們走過一個又一個山坳，沿路都是茶園，結果走了兩個小時，終於到了。眼前是一片披霧的茶林，盡處有一幢古拙的竹木樓，景致彷彿一幅煙樹人家的水墨畫。

女孩的父母、祖父母、小孩全家出來迎客，頓時熱鬧得很。小樓其實十分破舊，屋內也很簡陋，只有竹木桌椅，四壁蕭條。我們坐在簷下喝茶，細看才發現竹樓佈局非常雅致，雕欄和圓拱窗框都是精巧的閩北雕工。日久失修，竹木失去光澤，反而更形古樸，破舊中透着一種氣度。人煙絕跡，除了鳥語沒有其他聲音，讓人有點身在桃源之感。

武夷山裏的茶農家，尋茶之樂就由這一幀舊照勾起。

喝完茶我們參觀茶園和茶棚，女孩的父親熱心地解釋武夷茶如何講究製茶功夫，說江南青茶以嫩葉毛尖為上品，但武夷茶則取其不老不嫩。茶摘下先要"曬青"，再用武夷茶農特別的"造青"工序揉茶，讓葉邊氧化變紅，葉心卻要維持青綠，再經二炒二揉二焙，所以武夷茶的香和味都特別濃郁。

那是一間兩層無窗，很大的木建茶棚，下層放了炒茶焙茶的爐子，上層是空的，用來攤茶。採茶時節已過，那是焙茶的日子。他們正在窨製花茶，一焙工序剛完，茶葉攤在木板地上散熱。時值深冬，天氣頗冷，但茶棚裏茶香撲鼻，暖意融融，讓人不想離去。

回到茶農家，付點錢請主人為我們燒午飯，又買了些肉桂茶才下山。我記得茶不算上佳，但山上那份優悠，以至茶香與情景，至今難忘，美好回憶就由這麼一幀舊照勾起。

西安美食的前世今生

近年緣於工作，年中總有一兩次到西安，每次都住在鐘樓附近，鼓樓北的清真"食街"近在咫尺。我極愛這兒的夜市風情，更饞那些烤羊和牛肉串；只要人在西安，每夜必去。2008 年前後，清真街重修，路面翻得亂七八糟，修好後潔淨得多了。可能是管理嚴格了，整修後第一次我和朋友到那兒吃晚飯，七時多還是冷冷清清，頗有疑惑，誰知飯後出門，只見攤販成市，人頭湧動，原來熱鬧才剛開始。

清真食街正名為北院街，是超過千年的回民集居地，當中的大清真寺可追溯一千二百多年前唐朝天寶年間，風格獨特，結合伊斯蘭文化與中國傳統建築藝術，是至今保存最完整的中國式清真寺之一。由唐代到現在，還有大約兩萬名回民環繞大寺而居，仍然保持他們的宗教傳統和生活習俗，包括飲食文化。

對於饞人如我，這長街實在充滿誘惑。爐火暗紅，牛肉切得細薄，羊脂如白玉，滿街肉香四溢。我愛光顧現烤現賣的攤檔，肉用幼長的鋼枝串好放上炭爐，小伙子邊烤邊轉動。烤得差不多，問客嗜辣否，灑上味鹽、孜然和辣椒再烤一下。拿着香噴噴熱呼呼的肉串，吃時得小心燙嘴。西北的孜然（即小茴香）辛香而不嗆喉，配牛羊肉簡直天作之合。牛肉細薄，稍烤即成；烤羊肉要有耐心。

方吋厚的羊肉塊要用較粗的鋼枝，離火不能太近，否則羊脂滴在炭上會燒焦，當爐的用一個噴壺不時在羊串上噴水霧，這樣羊脂不會着火，更保持羊肉嫩滑。攤上吃烤肉是一種風味，不願意在街上吃的可以上館子；這裏烤肉店一家接一家，有些取價比攤檔還更便宜。

前幾年我們經常吃一家有烤全羊的回民店，五十五元一斤，任選哪個部位。廚師切好，或明火烤，或燜燒，隨客指示。第一次光顧我聽廚師推薦，先烤然後用錫紙包好再燒。上桌時打開錫包，金黃的肉塊還在滋滋作響。筷子夾起的羊肉滴着溶化在錫紙上的羊脂醬汁，帶脂的肉邊尚見香脆，肉質鮮嫩無比。

可惜的是，整修之後的清真街，很多小店都換成了裝潢亮麗的大店，土風味極速退色，土特產店也成了連鎖經營，由兩三家集團壟斷。前述賣全羊的那家店還在，不過已經沒有全羊；菜譜變成厚厚的一本，江浙淮揚、粵菜海鮮，式式俱備。清真回菜還是有的，比例上卻似是聊備一格，我們點吃過的鍾愛菜式，發覺無論賣相與食味都不再是舊時模樣，以後也就不去了。

我一般不敢在街上攤子吃肉，清真烤牛羊則屬例外。回民十分清潔，尤其對肉食存敬，屠宰有嚴謹的儀式程序，吃得比較放心；我在西安的漢族朋友也如是說，他們對回民的印象都非常好。多年前有一回我領了九位美國法官吃攤頭烤羊串，起初大家有點顧忌，嚐過一串之後就盡情開懷吃了。現在即使我不同行，他們自己也懂得來此解饞。

1

2

1. 清真炭燒羊肉串。
2. 清真烤全羊，師傅切割客人指定的部位，
   送進廚房再炮製。

北院街可以找到各式傳統清真食品。

我陪美國朋友饞遊清真食街特別有感觸，西安是中國與西域貿易與文化交流的起點，北院街是千年的見證。烤羊串燒全羊可以體味回民在中國的前世今生，一條食街是種族衝突與融和的歷史展廊。

西安回民的祖先定居中國，可遠溯唐代。伊斯蘭教在隋大業六年（公元610年）傳到阿拉伯半島，很快就東傳中國。《舊唐書》已有穆斯林商人在長安朝見皇帝的記載。當時阿拉伯、波斯和西域不同種族的穆斯林商人多沿絲綢之路東來，也有經海路先到廣東，再入首都長安。北院街區內的大清真寺，碑文刻記建於天寶元年（公元742年），可見當時回民人口不少。唐是一個開放的朝代，不少外族與漢族通婚，定居長安。據一些史學家考證，唐代胡人滿街，尤以阿拉伯人和波斯人最多。他們經營"胡店"、"波斯店"、"波斯肆"，居住"胡邸"，聚居在繁華的長安。

元朝蒙古人以武力進一步打通歐亞，中亞各民族繼續到長安經商，不少也定居下來。直到明代之前，不同種族的回民只是共同信仰伊斯蘭教，未有統一語言。到了明朝，朝廷曾規定回人"不許本類自相嫁娶"，於是大量回民與漢族通婚。

所以明以後西安出生的回民都通曉漢語，也保留本族的語言和文化，特別是宗教。

清咸豐、同治年間，陝、甘兩省發生"回亂"，清廷派出大軍鎮壓。經歷一段長時期激烈的民族衝突，滿、漢死傷無數，回民更慘遭大量屠殺，陝西倖存的回民人口只有清初的百分之一。倖存者大都集居西安城內，原因是同治年間官府拘禁回民在西城灑金橋至北院門的回民坊（今鼓樓清真食街所在），直至光緒初年才稍為放寬；現在北院街的回民就是當年被拘禁倖免於難者的後代。清代北院街附近有滿清皇城，清朝滅亡時城被攻破，滿人遭報復殺戮，這兒的回民後來收養了很多滿族孤兒。

今人遊逛清真食街，只見回民安分樸實地過日子，我們享受清真烤牛羊。每次到此，我都向美國朋友細說歷史，美味的烤牛羊可以咀嚼出千年教訓；而美國，如今還在與伊斯蘭世界打意識戰爭。

筆者最喜歡光顧的一家烤肉店，整盤羊腩任客挑選，然後上爐燒烤。

葫蘆頭，葫蘆裏賣甚麼藥？

近年常到西安，餃子宴是必有的官式宴席，其實吃的是花巧名目，於我無趣。羊肉泡饃的湯至鮮，但我不愛吃泡饃，饃泡湯裏，質感有點一塌糊塗，嚐過就算了。西安名食我一直未試過葫蘆頭。有一次和友人聊起，給說得食慾大動，他推薦百年老店春發生，我遂解饞去了。

葫蘆頭是甚麼？它有一個唐代名醫孫思邈的故事。據說一千四百多年前，世稱"藥王"的孫思邈，一天在長安一家小店吃煎白腸，發覺十分肥膩而氣味膻腥，於是他開列了一張增香解腥去膩的方子，教店主去除膻味。孫思邈還從隨身的藥葫蘆裏拿出香料藥物相贈，最後連藥葫蘆都留給了小店。自此店前掛上葫蘆，煎白腸改名為葫蘆頭，生意大旺。

白腸即豬大腸，葫蘆頭緣起孫思邈只是傳說，我以為另一講法較為合理。陝西屠坊傳統把豬大腸分為四部分：大腸頭、一根葱、葫蘆頭和大腸。一根葱是哪一部位我查不到，要請教高明；葫蘆頭則是大腸與小腸相連接的肥腸，粗短似葫蘆，故稱葫蘆頭。

第一次去吃，侍者送上菜單，問："一個餅還是兩個？原湯

甘香皮脆肉軟的煙燻豬大腸。

還是大肉？海參？還有野菌的。”我雖知甚麼是葫蘆頭，但是紙上談兵，經此一問，聽得糊塗，只好就教。侍者說：“先點湯和餅，將餅掰碎放在空碗內，像吃羊肉泡饃一樣，只是我們的餅比較鬆軟。你掰好我拿回廚房放葫蘆頭和澆湯。”我對泡饃興趣不大，改為粉絲，要了野菌湯。

等菜的時候，我好奇在店內蹓轉。大堂中央有一櫃枱，放着各式豬雜碎和涼菜，我見當中有一大盤油亮的豬腸，問掌刀師傅：“這就是葫蘆頭？”他大笑：“你肯定不是西安人，這是燻大腸。”我要了一盤，皮脆肉軟，甘香之極，在別處沒吃過這樣煙燻的豬腸。

春發生的廚房是開放式，侍者把客人掰好餅的碗放在廚前的櫃枱上，廚師鋪上幾片豬腸，那才是葫蘆頭，然後澆一勺滾燙的湯即成。櫃枱後有一個四五呎大的鍋，奶白的湯不斷翻滾。湯用豬大骨、豬肉、雞和香料藥物等熬成，濃鮮無比；難怪西安人說“提起葫蘆頭，嘴角涎水流。”

我捨泡饃而用粉絲，可能是更佳配搭；豬骨湯味感比羊肉湯濃，泡饃會較膩滯，粉絲爽滑正好中和。

羊肉泡饃和葫蘆頭都是西安著名傳統小食,羊肉泡饃今天仍然到處有供應,但處理豬腸的工序複雜,弄不好會有異味,加上現代健康觀念,葫蘆頭店已不多見了。

在春發生吃葫蘆頭那夜,看到趙連海被重判的新聞,難免憤慨,我想起了藥王孫思邈。遠在唐代,孫思邈已強調醫治小孩子是最重要的,因為孩子是未來之本。另外,他的《千金要方》自序裏更有杏林傳誦的醫德名句:"人命至重,有貴千金。"毒奶粉貽害無數初生嬰兒,背後操持者埋沒天理良心,卻大都逍遙法外,想討回公道的受害者竟被重判,中國有毒偽冒食品泛濫,自有其因。即使孫思邈再世,又如何?

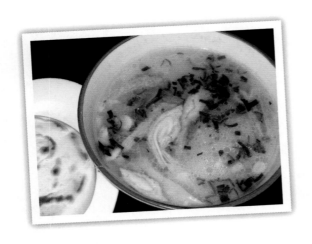

以粉絲代替泡饃的西安名食葫蘆頭。

煞有介事談香椿

我在暢飲啤酒吃烤羊肉，心想，假如翻譯夥伴 C 老弟見到，一定妒忌之；C 也是饞人，更愛啤酒。有一回在北京工作，住在鼓樓附近，那夜各有飯局，第二天早上談起來，始知我們各自飯後都曾分別到附近蹓躂，又都經過一家肉香四溢的小店，也不約而同地想：如果毋須赴飯約，多好！第二晚夜我就在小店大快朵頤，C 沒此食福，他早上已離京了。

除了烤肉，菜單上有"香椿魚"，喜極。菜上桌，原來是炸物；嚐了幾口，吃不出魚來。問店員，始知香椿魚是京城傳統小菜，並非香椿與魚，而是把香椿炸成小魚模樣，即是炸香椿。炸香椿多年前我曾吃過，在山東孔府。當年孔府菜的炸香椿，有點像潮州川椒雞墊底的炸珍珠葉。香椿魚則像日本天婦羅，小店炸得甚佳，裹在粉漿裏的香椿葉鮮綠，酥脆而隱約帶有香椿的氣味，非常好吃，尤其佐啤酒。

香椿是椿樹的新葉嫩芽，樹屬楝科，葉子有一種特殊的香氣，大江南北均有生長。奇怪江南人和北京人都愛吃香椿，廣東人卻少有用這種作料，香港人更是聞所未聞。每到春夏之交，北京和江南食肆都有香椿炒蛋、香椿魚、香椿拌豆腐，另醬料店都有香椿醬、鹽漬香椿等等。

第一次嚐香椿，是已故家翁炒的香椿蛋。一天老人家來電，神秘又興奮地說："今晚無論如何要來，有好東西給妳吃！"原來一位朋友從上海給他稍來新鮮香椿。美國不許旅客攜植物食物進口，那是偷運。如許貼心，怪不得老人家欣喜不已。他那一盤泛黃點綠的香椿蛋，在我腦海裏永遠是人間美味。

香椿在中國文化是一種象徵，"椿萱並茂"中的"椿"就是香椿，"萱"是萱草。椿萱二物代表父母；香椿長壽，萱草是多年生的植物，古代以椿萱祝願父母壽而康。

中國歷代飲食文獻不少有香椿食譜，當中以宋代禪宗五祖弘忍大師"三春一蓮"最為著名，三春即煎春捲、燙椿芽、燒春菇（松蘑、荸薺和春筍），一蓮是白蓮湯。香椿是寺院僧尼的日常粗蔬。

文學上的薰染加上親情的溫馨，我對香椿一直有浪漫的想像，其實對此物不甚了了，多年前還鬧了一個笑話。那次我在北京大柵欄六必居醬菜店看到鹽漬香椿，高高興興地買了兩包，黃昏到好友家晚飯，煞有介事地請嫂子替我炒香椿蛋，結果笑得老北京朋友捧腹："鹽漬香椿是極鹹的，我們用來佐粥下飯。炒香椿蛋必須用新鮮香椿嫩芽！"

多年之後我才頭一回看到香椿的盧山真面目，還是在美國。一位原籍北京的友人珍而重之地送我一小束。對於北京人，香椿原來是思鄉之物，送我的是他們從院子裏的椿樹所採摘。那可得來不易，原來他們移民美國，經過多年打聽尋訪，終於從園圃高價購得一株香椿樹苗，種在院子裏，誰知第二年春天樹就死了。如是者種了幾次，都沒用。最後一位朋友訪美時從家鄉"冒險"偷藏了一株幼苗上飛機，途中還不時要灑水以保養活。皇天不負有心人，種成了。

1. 傳統北京小菜香椿魚，香椿上漿炸為小魚樣，吃時蘸椒鹽。

1

2. 正值季節，北京市場賣的香椿嫩芽。

2

北京德勝門附近水道旁的香椿樹。

在史丹福附近，莊因大哥家也有一株。莊因是當年押運首批故宮文物往台灣，後擔任台北故宮博物院副院長莊嚴的次子，自幼在北京長大。在莊大哥的後院，我第一次見到香椿樹，並且吃到剛摘下來最鮮嫩的香椿芽。

若問我："香椿真好吃嗎？"坦白說，香味很隱約，食味有個性，但談到特別好吃？也不見得。朋友笑我："你講香椿，太煞有介事吧！"吃這回事，除了真滋味，還有感情作用。袁子才勸人戒耳食目食，我十分讚同，可他沒有提倡"心食"，就差了一點兒。心食是一種享受，也是一種福氣。八分滋味，兩分感情，一分浪漫，那就超過十分好吃了。

那次鼓樓附近的小店吃香椿魚，正好是香椿季節，早上逛菜市場，菜攤上有一束一束的新鮮香椿，買回香港只怕嫩芽枯萎，只好作罷。

踏出市場，陽光普照，走過水道上的橋，只見綠樹夾岸有人在垂釣，橋下有一株大樹，樹蔭下有幾桌麻將，搓麻將的，旁觀的，悠然自樂。這樹，噢！是香椿。

京味文化麻豆腐

有這麼一說：一個人的北京話是否道地，要看他的"兒"字是否用得恰當。一個人是否道地的老北京，就要看他是否愛吃豆汁和麻豆腐。

有好幾年我着迷研究清史，多次到北京尋找清代的王府和歷史遺址，對京味文化的興趣極濃。幾位北京好朋友驚訝我對北京歷史的熟悉，笑說我前世或許是北京人，要用豆汁和麻豆腐來試試。

這兩種東西是製粉絲剩下的發酵豆水和豆渣，廢物利用製成獨一無二的北京食品。粉絲和豆粉都是用綠豆造的，粉房磨綠豆時要加水，磨好倒進缸裏，澄澱之後頂層是豆粉和粉絲的材料，漂浮物和缸底沉澱的豆渣裝入布袋煮熱，濾去水分就是麻豆腐，剩下的是豆汁。

跟北京朋友去喝豆汁，因久聞大名，我有心理準備，拿起那碗淡墨綠色的液體，捏着鼻子一口氣灌下去；酸而餿，但也不算太難下嚥。我前世肯定不是北京人，受不了那種怪味，很難想像會愛上此物。朋友還說現今的豆汁不夠勁道，他們兒時街頭賣的喝得人渾身冒汗，那才是味兒。

吃麻豆腐我又有另一種經驗。現在北京一般的飯館都沒有豆汁，麻豆腐則幾乎每家北京風味菜館都有，但好吃與否大有分別。第一次吃，只見一盤泛着油的烏黑糊狀物，入口有點刺辣，鹹而帶點酸餿氣，味道和質感都很難形容。北京老友吃得高興，我嚐一口就算了。

麻豆腐是北京人的饞物，每次和北京老友吃飯總有這一味。我嚐過多次，吃得頗勉強。直到幾個月前和一位香港老友在鐘樓附近一家小店吃涮羊肉，朋友從未聽說過麻豆腐，點了一碟。他吃了一口，說味雖怪，但不錯。其他菜還未上桌，他繼續吃着，忽然似有所得，說："愈吃愈滋味，像芝士。"於是我也舉箸，其實不太像芝士，卻有一種雜味紛陳的深度感，配上啤酒，鹹酸辣香從舌頭散到喉底，相比紅酒配芝士，真有點異曲同工。

這家的麻豆腐比以前吃過的都甘香，我想是街坊老店保留傳統炒法。此菜除了發酵麻豆腐，配料有雪裏紅、熟青豆、薑、葱、辣椒和黃醬，傳統用羊尾巴的膏油炒，一斤麻豆腐用二兩多羊尾油。朋友說現今的菜館大多用菜油，也不花功夫炒香炒透，徒具色相，香和味均走了樣。

麻豆腐的原料雖極便宜，但卻是一道功夫菜，必須耐心用文火不斷翻炒，炒時加入酒、水、醬、切碎的雪裏紅和煮熟的青豆。炒好堆成墩狀放在碟裏，中間壓個淺洞，澆上剛炸香連油的紅辣椒。舊社會的窮人都喝豆汁，麻豆腐卻是中等以上人家才吃得起的家常菜。

麻豆腐被稱為北京頭牌菜，北京老友都認為那口味沒有其他食物可比，我是最近那次才開始有所體會，談不上喜歡。或許多吃會上癮？難說。一方鄉土一方飲食，所謂 acquired taste，味道適應本來就是一個很有意思的過程。

炒透的麻豆腐堆成墩形，澆上炸香連油的紅辣椒，乃北京頭牌菜。

東華門外的飢腸

自 2000 年以來，緣於工作，每年總有好幾次到北京，而每次我都會去東華門外的夜食市，吃烤羊串和烤羊小腿。解饞，這是西安和蘭州夜市以外的最佳選擇。

烤羊串羊腿只能在街上攤檔或是門前有燒烤爐的小店，現烤現吃，而且必須認着是清真店。回民視肉食為神聖，十分乾淨，用孜然作燒烤調料風味獨步。北京有幾個解饞的好去處，簋街人盡皆知，但我到北京工作，通常住在王府井，就近東華門夜食市。多走幾步，北京飯店旁也有一條中華小吃街，偶然也去，但我還是喜歡東華門，或許這有些感情作用。

多年前夜市初開，第一次是老北京朋友帶我來的，當年這兒全是北京傳統小吃和清真烤羊攤檔，我在此認識甚麼叫爆肚、炸糕、驢打滾、炒肝等等。那也是我第一次嚐爆肚和炒肝，京味文學作品中常常提到的！爆肚是羊肚不同部分的切條，爆是把肚條放在碗裏，澆入沸水涮得僅熟，再拌入麻醬、醋、辣椒、芫茜、葱花等配料。老北京朋友找到爆肚張，說十分道地，鮮而脆；他吃得津津有味，我只覺得韌。炒肝，我一直以為是炒的肝，原來是一鍋不斷煮的豬腸豬雜。老北京說正宗製法是先把豬腸燉熟，然後切段。用上好的口蘑熬

爆肚，把羊肚不同部位切條，沸水燙熟，再加上調料葱花的傳統小吃。

湯，把腸段入湯，再放葱、薑末和各家秘製的蒜醬，最後才放入切片的鮮豬肝，勾芡和澆上蒜泥。我和他都吃了，他說跟兒時吃的差得太遠。我嚐了幾口，實在不好吃，豬肝頗硬。那時我正着迷清史，追尋京味文化，連豆汁都喝得津津有味，但嚐過爆肚和炒肝之後，我知道老廣是無法變成老北京的。還是甜品好，炸糕、豌豆黃、雲捲、驢打滾……都是我之所愛。

近年夜食市慢慢變了質，現在傳統北京小吃和清真烤羊攤檔只佔少數，但你卻可以找到小籠包、乾炒牛河、竹筒飯，以至波霸奶茶和甚麼港式瀨尿牛丸。如今我來東華門，只為羊肉串。

在東華門外的夜食市，我有過一個難忘的經驗。有一年的夏天，那晚我吃羊肉串正是津津有味之時，偶然望見一個流浪漢在路邊的垃圾桶撿別人丟下的食物。這兒是遊客旺地，常見有討錢討吃的乞兒。我看見這個流浪漢是個龍鍾老者，一陣心酸，實在不忍，於是買了一盒炒麵給他。他抬頭接過炒麵，多謝了幾聲就往馬路對面去。他一手挽着一個大膠袋，另一隻手顫抖地拿着炒麵，步履不穩，走得很慢。我發覺他的手指是收縮的，像類風濕那樣。我怕他拿不穩，炒麵又熱，於是追上他說：“我替你拿，去哪兒呢？”他說：“到對面馬路邊，人少。”我拿着炒麵陪他過馬路。

到了對面的行人路上，他手腳抖震地扶着牆，很艱難才坐在地上。他一隻手的手指全是彎的，提着膠袋，其實手指是不能動的。他把炒麵放在地上，用另一隻手拿筷子夾着吃。

我看得難受，回頭到羊肉攤買了四塊新疆麵包。這種叫"饢"的大餅是我很喜歡吃的，原是西北大漠遊牧民族的糧食，可以久放不壞，然後到旁邊的小店買了兩瓶水和幾袋密封好的麵包和餅食，回頭拿給老人。他連聲感謝說："夠吃幾天了！"他已經吃完那盒麵，我扭開蓋把瓶水遞給他。他喝了水，慢慢扶着牆爬起來。我問他去哪裏，他指着對街食市攤檔："去後面銀行那邊，晚上在那兒睡。"指的是中國銀行。"人家不趕你嗎？"他笑着搖頭："不趕的。"

我本想看着他過馬路，但他走得很慢，我就先走了，其實是難忍心酸。回旅館路上我不斷想，結果又走了回頭，到中國銀行樓底，果然見到那流浪老人。他正拆開一個大紙箱鋪在地上，那袋食物放在旁邊。那一袋他說夠吃幾天的食物，不過三四十元；如果這樣的花費可以幫他到終老，我想很多人都願意。

之後第二次到北京,又來到這夜食市,我找那流浪老人,沒見他的蹤影。我餓了,忽然想,餓對我來說竟然是一種幸福,因為可以多吃幾串燙熱鮮香的羊肉。可能我們從沒想過甚麼是真正的飢腸。

羊串依舊熱辣辣香噴噴,但我腦裏有一種難以形容的思緒,揮之不去。那老人呢?

1

2

1. 吃烤羊串最好光顧對肉食誠敬的清真回民。

2. 驢打滾、艾窩窩、開口笑,傳統北京小吃有各種好玩的名字。

秦嶺橫亙八百里，陝西飲食分南北

穿越了秦嶺一號隧道，車在高速公路上繼續奔馳，兩旁高聳茂綠的山巒雲飛霧擁，震撼感還未平伏，又見秦嶺二號隧道迎來，車廂外的世界再頓然暗下來。

秦嶺東西延綿八百里，平均高度二千至三千公尺，陡峻難越，自古是隔斷關中地區和四川盆地之間的天險，也是黃河和長江流域的分水嶺。秦嶺巴山蜀道難，兩千年前《史記》稱秦嶺為天下之大阻，兩年前仍是分割西北與西南經濟的屏障。如今我們穿越秦嶺一號二號和數不清的隧道，西安出發三小時後就來到漢中。這本是歷史上中原入蜀最艱險的秦五尺道，茶馬古道的褒斜道！

站在漢水之濱，兩岸阡陌沃野，我始恍然為何漢中被稱西北小江南，兵家必爭之地。秦嶺把陝西橫斷南北，南為漢中盆地，北為關中平原和黃土高坡。陝南溫潤土沃，盛產稻米，物種豐富，陝北乾旱貧瘠，南北有天壤之別。

陪同我們的西安教授說，秦嶺南北的飲食風格截然不同，那是很自然的事。陝西人都愛大杯酒大塊肉，陝南人吃豬要過橋肉或梳子肉，即是一塊肉要大到溢出盛器，更有"幾天不

西漢高速公路兩年前開通，秦嶺隧道歷史性地打通自古隔斷中國南北的天險屏障。

吃肉心裏發躁"之說。陝北雖求吃必有肉，但不如陝南富庶，典型的是肉切成小塊，配以馬鈴薯、芋頭、大葱、蘿蔔等，加調料燜煮，或是用小碗蒸。在延安，當地主人請我們吃窰洞農家菜，小碗燜或蒸肉有十多種，難得者為味道各有不同。

漢中盆地產稻，關中平原種麥和雜糧，再北只能種蕎麥。漢中的主食是米飯和麵皮，陝北則是麵食和雜糧。涼皮、粉皮、涼粉和麵皮，性質都是一樣，其實就是粉麵，用料和叫法不同而已。陝北的涼皮或涼粉的原料主要是綠豆或蕎麥，陝南的麵皮則用米。

漢中麵皮十分出名，製法是先泡米，磨成漿傾入蒸籠蒸成，聽起來極像廣東河粉，但吃起來我覺得樣子和質感均迴異，原來麵皮的米漿加了熟飯，搗勻才蒸，故而口感比河粉粗爽而有彈性。廣東河粉取其薄而滑，米漿稀，短時間蒸成再切粉條。漢中麵皮則用稠漿，蒸的時間較長，成品為厚圓餅狀，攤涼後切粗條或薄條。山西陝西一帶的涼粉、涼皮等都用這種製法，在漢中的麵皮攤子看到我才明白。

酸辣是漢中的飲食特色，其酸來自醃菜，酸菜魚是招牌美食。漢中的酸菜用煮麵水自然發酵成的漿水醃製，與四川人用鹽、蒜、冰糖、酒、花椒等發酵的鹽水泡醃異曲同工，二者正宗的都不用醋。陝北人也愛酸，但其酸主要來自醋，涼皮、麵條加入老醋，風格接近山西。至於辣，漢中地區大量用花椒，麻辣近川菜，用以驅濕。陝北則辣而不麻，愈往北則愈受蒙古飲食文化影響，辣漸輕。

同屬一省，秦嶺南北的飲食文化明顯有別，氣候水土人文不同之故。其實漢中更接近四川，只因元朝建省時怕富足又有天險保護的漢中造反，硬把漢中劃入陝西省。這與把淮河以北地區劃入江蘇省，同樣是歷史上政治凌駕地理與人文的個案。

西北地區的涼皮、涼粉、麵皮都是用稠漿蒸成厚圓餅狀，攤涼後切粗條或薄條。

七彩延安，摩登綠意

乾旱貧瘠的黃土高坡，延安哪來色彩，綠意何處可尋？

我說的是飲食。交流工作讓我好幾次有機會從西安到延安，有一次還到了榆林。我特別懷念在榆林和延安每餐必有的粗雜糧和小米粥。

像我一輩戰後的香港人，大都沒有粗雜糧的概念，記得兒時愛吃蕃薯，飽了就不願吃飯，母親總是很感慨地說："你們沒有捱過吃番薯的日子！"母親想到的是戰時缺糧的歲月，有蕃薯可"捱"已很幸運。蕃薯就是北方人說的粗雜糧之一。

蕃薯、芋頭、馬鈴薯、粟米、南瓜等對我們來說不是糧，是偶一為之的小吃，但對陝北人來說則是充飢的糧食。在不少貧瘠地區，米飯麥麵都是奢侈品，比如陝北，即使非逢戰亂災荒，也只能以雜糧作主食。

我隨美國法官團到延安，接待方漸知美國人不在乎也不習慣大魚大肉式的中國宴席，應我們的要求饗以本地風味餐食，更到窰洞去吃農家菜。延安或榆林的飯桌上，總有一盤粗雜糧和小米粥，當地朋友說："延安人吃粗雜糧是因為窮，怎想到現在粗雜糧會變成摩登社會的健康食品。我們吃的都是農民自種，有機，綠色，待客殊不失禮吧？"有一次座談會茶休，小點是削好的沙葛片，清甜爽脆，比那些過甜且硬的曲奇餅好得多了。

當地主人最初以為美國朋友會吃不慣粗糧餐點，誰想他們比在西安吃宴席更樂。例如"洋芋當飯不當菜"是所謂陝北六怪之一，每餐不離洋芋，即是馬鈴薯或叫土豆的；馬鈴薯本來就是美國人主食之一。美國人又愛煎炸食物，土豆絲餅和炒土豆絲通常甫上桌即被吃光，油糕、蕎麥煎餅和油饃饃更吃得津津有味，尤其是油饃饃，那是用小米粉酵發麵團掏成環狀的油炸物，樣子十足美國的甜圈（donut）。

陝北人的粗雜糧，吃出彩虹。

用綠豆、扁豆、洋芋或蕎麥造的涼
粉是陝北到處可見的小吃。

除了馬鈴薯，陝北的麵食或包子饅頭都用各種豆子、高粱、蕎麥、
小米或粟米製造，不都是營養師推薦的高纖食品嗎？例如稱為抿
節的湯麵，是混合豌豆和小麥製的雜糧麵，有點像意大利螺旋粉，
湯裏有豆乾、豆腐、土豆丁、豆角丁等，吃時配以韭黃、芝麻、
辣醬和莞茜，清淡可口。又例如涼粉，用綠豆、扁豆、洋芋或蕎
麥造的，拌以辣椒醬汁，那是陝北到處可見的小吃。

陝北無大米，蕎麥算是上等雜糧，很多當地傳統食品都是蕎麥製
的。另外小米也是陝北主糧之一，我們每頓飯都有一鍋小米粥。
一位延安朋友說他出國訪問兩週，第三天就開始懷念小米粥。美
國朋友告訴他小米（millet）是美國南部的懷鄉溫馨食品（comfort
food），傳統早餐必有小米糊，比陝北的小米粥稠，大概可以勉強
一解鄉思。

美國全國健康研究所建議國民多吃高纖蔬果，口號為"吃出彩
虹"。彩虹者，顏色愈多的蔬果，對健康最有益，例如紅洋蔥、
紫椰菜、青瓜、赤褐馬鈴薯、紅菜頭、甘藍、蕃茄、胡蘿蔔、香蕉、
蘋果等等。陝北人追上概念潮流，延安不少飯館都標榜健康菜單
和綠色食品。蕎麥、小米、豆子、高粱，全部高纖低脂，看看席
上那盤色彩悅目的粗雜糧，陝北人又何須營養師指導？

庖丁解牛羊雜 Bar

六七個食客擠在一張約十呎長的矮桌前，當中有我。坐在小矮凳上，絕對談不上舒適。桌的另一邊坐着檔主馬青龍，一個瘦小而眉目清秀的回民，他前面是一個大砧板，砧板上的刀足有香港燒臘店用的那麼大，只是看起來輕薄一些。砧板和食客之間是一大堆羊雜，再排了幾個羊頭。

客人坐下，一個回民女子立刻端上一碗熱得冒煙的羊肉湯，奶白的湯浮滿青綠的葱花。喝上一口，那種滋味才讓人明白為甚麼中國古代以羊大為美，魚羊為鮮。

檔主問："幾份？"其實不知怎個吃法，就先來一份吧！馬師傅右手持刀，左手順序拿起羊肝、羊心、羊肚、羊腸等等，各切一點幼條，放在套了膠袋的碟子裏。回民女子用筷子把整碟羊雜碎放到一大鍋不斷翻滾的羊肉湯裏，又馬上取出傾到一個碗裏，馬師傅在幾個調料碗裏各勾出少許，澆在羊雜上，遞到我的面前。

這是蘭州回民傳統羊雜碎的吃法。我想起酒吧和壽司吧，這不正是羊雜吧！

蘭州夜食市裏肉香誘
人的炭火串燒羊腩。

旁邊一對年輕男女吃得津津有味，男子吸啜着羊腦，看！那種滿
足的神情。我問："好吃嗎？"

答曰："還用說？羊眼羊腦是天下最好的東西，但一定要在這兒
吃，這樣吃！"

聊起來，原來是蘭州本地熟客。這時他們的朋友買了杏皮汁回來，
熱誠地分我一杯。他們問："這是夜市最好的一家，你是外地人，
怎找到的？"

怎找到的？甫抵蘭州，發現旅館對面就是老店"雲峰手抓羊"，前
一晚我和朋友去了。入座點菜，部長卻說羊肉已賣光。看菜單，
大部分竟是粵菜，難道在甘肅清真館吃燒鮑魚蒸海鮮？我堅持為
手抓羊而來，最後部長說還有一斤！那夜除了一小盤羊肉和粉條，
吃得不倫不類，甜酸香辣，虧得美國朋友還大讚美味。

記起年前曾在後街吃烤羊串，飯後散步重尋舊地。踏進街頭，只
見燈光火紅，肉香四射，人擠得水洩不通。原來這兒成了新的夜
食市，攤檔一家接一家，烤肉、烤魚、麵點、水煮羊、羊雜湯、
餅食、甜品，還有新鮮上市的"紙薄胡桃"和各種水果。經過一檔

"金城爛啫香羊雜碎",矮桌上坐滿了,有人站着等。我拍照,食客非常友善,是幾個在蘭州做生意的新疆人。我問滋味如何,幾個人同時豎起姆指:"蘭州最好的一家!"

因此,第二晚我就坐在馬師傅的桌前了。招呼客人、切羊雜、調汁料、剝羊頭肉"一腳踢",這馬師傅一派氣定神閒。桌上哪一個碗空了,他就用兩三呎長的杓子替客人添湯。看他剝羊頭肉像一種藝術,一塊一塊的剝下來,最後剩下乾乾淨淨的半個羊頭骨,裏面只有羊眼和羊腦。

我想起了莊子說庖丁解牛的故事。

蘭州的"紙薄胡桃",右邊綠色的是剛剝下來的果皮;新鮮核桃原來是這般模樣。

讓我想起庖丁解牛的羊雜碎檔主馬師傅。

獨步天下簡陽羊肉湯

在成都燈火映照的錦江邊，近十家簡陽羊肉湯店並排，桌子由店內擺到街邊，人擠聲沸，情景有點像廟街夜食市。每家湯店門內都有一個巨鍋，湯在鍋內不斷翻滾，色白如乳。門外是疊得高高的蒸籠，乃粉蒸肉。

那夜成都一位饞友帶我去那兒吃簡陽羊肉湯，長了見識，原來是火鍋。朋友要了半斤羊肉，一盤蘿蔔，數種蔬菜。夥計把一鍋湯放在火鍋爐上，幾隻小碗分別有莞茜、辣椒粒、花椒辣油、葱花和醬油，讓客人各自調醬。饞友先把蘿蔔和黃芽白放入湯中，等待湯滾，這時先來一小籠粉蒸肉，再來一碟炒羊肝。我吃粉蒸肉的經驗是三十年前在九龍鑽石山木屋區未拆時的詠黎園，印象已模糊。這回吃道地粉蒸肉，原來做得好的要嫩滑中帶點"哨頭"。羊肝炒得甚夠鑊氣，外香內軟，質感與滋味遠勝牛肝豬肝。

湯燒開了，半斤羊肉已在湯內，還有羊雜和羊血膏。羊肉羊雜腍得入口酥化，沒有半點膻腥。我們邊聊天邊下菜，一碗接一碗的喝湯；湯味愈喝愈濃，鮮得教人不能停下來。羊大為美，古人真箇識食，牛肉湯豬肉湯可以濃，卻難與羊湯濃而不奪味那種鮮相比。兩人喝完一鍋，夥計又來注滿，結賬

外香內軟，色味俱絕的炒羊肝。

離開時鍋內幾是一滴不留。我方明白為何不叫羊肉火鍋而叫羊肉湯，一般火鍋以料為主，簡陽羊肉火鍋要的是喝湯。

那次從四川、上海、陝西到甘肅，在國內出差近一個月，工作頗辛苦。時值金秋，借機饞遊自我慰勞，嚐了不少地方風味，最難忘的就是簡陽羊肉湯。我愛北京的羊雜湯，吃過蘭州羊湯絕品，然而四川簡陽羊肉湯味更鮮濃。簡陽羊肉湯之獨步在於其大耳山羊，當地人俗稱"火疙瘩羊"。山羊原本比綿羊味濃，嫩則遠遜，簡陽大耳羊卻兼具山羊與綿羊之勝，據說是上世紀初宋美齡從美國引進的努比羊與當地土羊雜交品種。簡陽盛產山草葯，大耳羊吃的是山草，喝的是龍泉和三岔湖的水，別處的山羊無法與簡陽大耳羊相比。

簡陽羊肉湯講究的是湯，用羊肉羊骨熬成，每家羊肉湯店都有大鍋老湯，永不斷火；廚師都各有秘方，絕不外洩云云。把羊肉和羊雜在湯中稍為涮熟，取出用豬油和香料爆炒，再放回湯內熬至極脸，撈出來論斤算價。

簡陽離成都一小時多車程，隨着經濟發展，愈來愈多簡陽人跑出家鄉到各地開店，據說全國已有一千五百多家簡陽羊肉店，但只有成都的正宗，因為用的是簡陽大耳羊。載我們訪問多天的司機老家在孜陽，鄰接簡陽，他說："我每星期最少要吃一頓羊肉湯，否則渾身不對勁。"問成都哪家最道地，他把我送到江邊這家楊氏店。"成都號稱簡陽楊氏的羊肉湯店多的是，我們做司機的到處跑到處吃，始終認為哪兒都不及此店好。我在這兒吃了二十多年。"

另一位朋友的老家在簡陽，前時她陪父親回鄉探親，吃到更精彩的羊肉湯，湯內加了全條炸酥鯽魚。說到其味之美，她簡直兩眼發亮；魚加羊，絕對可以想像。下次到成都，定要專程赴簡陽，圓一個魚羊為鮮的饞夢！

色白如乳，濃鮮無比的簡陽羊肉湯。

114

鳳凰展翅，邊城陷落

看到標題，讀者可能猜到知我的"不懷好意"。讀《邊城》、《蕭蕭》長大的筆者，最近才第一次到鳳凰。沈從文筆下清純而充滿情意的湘西古鎮，如今遊客熙來攘往，酒吧遍佈，晝夜喧鬧。如斯景象，雖未至於說是夢破，惆悵自是難免。

尚幸，鳳凰的飲食令人喜出望外，還真能保持傳統風味。簡單如一道社飯，就使客人飽了還忍不住再添。飯是最後上桌的，樣子有點像上海人的海苔松子炒飯倒扣在大碗裏。沒有人動筷，因為先前的佳餚讓客人吃飽了。主人說這是鳳凰名食，用野菜、野山蔥和臘肉煮的。總要嚐一點吧，誰知吃一口就停不下來。那飯軟糯之餘粒粒可以散開，滲雜了甚有嚼勁的碎肉粒，濃濃的飯香、肉香、煙燻香和菜香，複雜而和味。

這原是鳳凰苗寨"春社"節日的飯食，當天每家都煮社飯，各有自家的功夫，家人共享，親友互贈。社飯其實絕不簡單，野菜、臘肉和野蔥都預先切碎炒香。飯用二比一的糯米和黏米，要先把黏米煮到半熟才放入糯米，同煮至九分熟後放入野蔥、野菜和臘肉拌勻，再在鍋裏燜半小時。

社飯有一股獨特的煙燻香，那來自苗家臘肉。原來湘西的臘肉是

用煙燻而不是曬的，醃好的肉條在通風處吊乾水分後，改掛在屋內燒柴取暖的火坑上或廚灶頂上，以柴煙和熱氣燻乾。這樣燻製的臘肉有火腿的甘香，軟而不韌，質感勝於廣東臘肉。兩日來我吃了好幾道臘肉炒的菜式，下飯或佐啤酒可謂天作之合。

鳳凰古城最著名的血粑鴨當然不能不試。血粑其實是鴨血糯米，宰鴨時把鴨血放入浸軟的糯米裏，鴨血凝固後上鍋蒸熟，就做成了血粑。血粑切成方塊，用油煎香。鴨肉爆炒後再用水煮熟，然後加入香料、紅椒和血粑一起燉。血粑質感軟糯，本身有鴨血的濃味，又吸取了鴨汁，味道非常豐富。不過小心此菜甚辣，是初啖不覺，辣味慢慢從舌間散發出來那一種。

另一道名氣菜是酸湯魚，用當地特色的酸泡菜煮魚片湯。厚片魚肉，酸菜切碎，是魚多湯少的一道菜。魚我不覺得怎麼好吃，沒煎過的煮湯魚不夠嫩滑，但湯真鮮！這兒的人似乎無酸不歡，每家都會泡私房酸菜，酸菜店的門前都放着幾排大玻璃瓶，清亮的醋泡着蘿蔔、蕨菜、筍子、黃芽白、瓜絲、香椿等等，五顏六色，光是看已使人泛涎。

兩日在湘西，幾乎每一道菜都是美味，這是出乎意料的。若論到最喜歡的，當是野菜春筍，乃我等城市人求之不得者。這兒的野菜種類不少，清炒涼拌都能吃出香和鮮。清炒春筍更是精彩，近尖處嫩而軟，筍身嫩而脆，炒好的筍還是青綠的！

離開鳳凰前一晚，江邊酒家的露台上，我們正享受着這些家常風味。一晃間，兩岸華燈亮起，倒影江上，嘭嘭的音樂透過擴音器四面傳來。唉！麗江、大理、束河之後，又一古鎮陷落了。

1
2
3

1. 苗家臘肉有獨特的煙燻香，質感猶勝廣東臘肉。

2. 厚片魚肉，切碎酸菜，魚多湯少的一道酸魚湯，鮮！

3. 筍尖嫩而軟，筍身嫩而脆，炒好的春筍還是青綠的！

噬臘肉，遇毒！

臘肉是醃後乾製的肉脯，在中國有二千多年歷史，《周禮》已有記載。本篇標題頗為嚇人，食品安全已經把當代人變成驚弓之鳥，但請放心，並非毒奶粉、瘦肉精之後又出現了毒臘肉。"噬臘肉，遇毒。"出於《易經》；"毒"字在古代有厚味的意思，即是吃臘肉，味濃郁！

臘腸和臘肉是廣東的家常食品，當中我偏愛臘腸，因為臘肉難買得好，很多時硬而韌，除了臘味飯和蘿蔔糕裏切粒的，我很少吃臘肉。自從到過雲南和湘西，得嚐當地自製的臘肉，十分美味，一改過往對此物之印象。

我吃過最美味的臘肉是在束河一位與我形同結拜的納西兄弟家裏。

在有百年歷史的王家舊宅的廚房裏，仕堂從角落取下一塊近於正方形的臘肉，用一把叉子插着肉往爐火上燖，豬皮稍捲而收縮，毛被炙掉，肥肉油光浮亮之時，灶上的開水早已燒好，仕堂把肉放在盆裏，澆滿滾燙的開水，用筷子涮動一會，撈起肉塊，他就拿着奔到屋前溪。他把肉放在溪裏讓冰冷的溪水沖涮大約十分鐘，肉變得潔淨而透亮。仕堂家就在

雲南束河，我的納西兄弟自家炮製臘肉，油潤剔透，肉質清爽。

束河九龍潭旁，溪水至為清冽。溪水涮好的肉放入高壓鍋煮約半小時，拿出來涼透後切薄片即成。肥的部分完全透明，吃起來口感像冰肉，清爽而不膩；瘦的部分肉味濃郁，甘香而不過鹹。幾片臘肉可下兩大碗飯；當然，佐酒更佳。

王仕堂是幾年前我在雲南束河認識的朋友，清末茶馬古道上四大馬幫家族束河王氏的後裔。王家是納西族，和很多納西族人一樣，是明代時朝廷賜姓王的。認識仕堂那一年他才三十歲，早已擔起養家責任，並且把祖上故宅開放為一小博物館，免費讓人參觀；有機會我再說王家的故事。最近一回我與好友陳永華夫婦同遊滇西騰沖，之後特地領他們到束河來看望我的納西兄弟。那天適逢假日，參觀舊宅的遊客不絕，仕堂和妻子忙着燒飯，我就權充導賞員。這馬幫首領故居，我已熟悉得像自己的家。

臘肉弄好，下一道菜是炒涼粉，當然不是廣式的甜品涼粉。麗江一帶的涼粉用雞豌豆泡磨蒸成，像淡灰色的果凍，用辣椒、薤菜、蔥花和調料涼拌，街頭小攤有賣。仕堂家的是乾貨，像上海人的老豆腐，冬天把涼粉放在地堂過夜讓其結冰，冰融後擠去水分，切塊曬乾，四時可用。乾涼粉先泡水使其鬆軟，撈起用鑊小火慢工地炒烘至乾脆。另起鑊以蔥花、香菜和辣椒急炒，一盤的素菜上桌，滋味勝似肉。

仕堂嫂切好的馬鈴薯有輕淡的紫色紋理，乍看我還以為是蘿蔔，原來是麗江一帶獨有的品種，俗稱五花馬鈴薯；油鹽炒熟，清爽脆嫩，沒有半點澱粉質感。再下來是清炒蕨菜、虎椒炒肉片，作料都是仕堂清早向鄉民買的。蕨菜大抵是中國最受歡迎的野菜，我第一次認識此物是在東北長白山，後來從北京到南京，包括最近在湘西和騰沖大理都吃過。在別處吃到的蕨菜都矢瘦得很，有些微帶酸澀，我可從未嚐過這麼粗壯的蕨菜。仕堂用油恰到好處，炒得極有鑊氣，無野菜青澀，味厚而甘，比甚麼菜都好吃。

幾年前我在王家喝茶，還認識了幾位年青朋友，納西姑娘小李知我又到束河，與荷蘭夫婿從麗江來相聚。臨時多了人吃飯，仕堂跑到菜地摘了幾把瓜苗，再拔幾株青菜，不一會，素鮮滿桌，同行的香港老友吃得樂極了。

葱花、香菜、辣椒炒乾涼粉，勝似肉。

與兩年前相比，王家的廚房擴充了，多了一個石油氣爐。仕堂的弟弟去年成家，還誕了個胖男娃，家口大了，原有的一個柴灶不夠用。平日他們還是用那柴灶為主，束河的傳統房子，屋頂和樑柱烏黑，是柴煙燻的，納西人用這方法來防蟲和保持樑木乾燥。仕堂每天清早起來生灶火，然後擀麵蒸饅頭，我吃過不少。

蒸饅頭的麵粉是他們自種的麥子拿到磨坊磨成的粉，除了自用，也拿來與其他農民以物換物。有一次我跟仕堂和他父親下田收割麥子，然後運到舅舅家的地堂，我還打了一會兒麥！

這回仕堂告訴我，田沒有了，政府與商業集團規劃收了地，開發地產！看着早上摘瓜苗青菜的菜地，仕堂傷感地說：“這小小的菜地，很快也沒有了！”

束河鎮上有一家飯館，店裏掛滿臘乾的豬肋排骨和巨型豬腿，堂前有一木枱架，放着整隻臘豬，個頭比我見過任何豬都大。駐足相問，原來是野豬。這飯館賣土家菜，我喜極，與同行二友選了庭前小桌吃飯。後來見到老闆，聊起來始知臘野豬來自玉龍雪山，是土家族的傳統野味。土家族的山民善於打獵和臘製野味，到了冬天就到深山圍獵野豬。玉龍雪山氣溫低，野豬特別肥大。山民把野豬大塊切割，用鹽、花椒、五香等香料醃十天半月，然後掛在火坑上燻乾。臘好的野豬肉用穀糠堆藏，三四年色味不變。

雪山土家族另一獨有方法是臘製整條野豬，據云陳藏越久，味越香濃。這飯館老闆每年上山向土家村收購，眼前的大野豬已臘成四年，是飯店的"生"招牌。老闆說店內還有一隻陳藏十八年的，不賣，作為鎮店之寶。對着這隻簪花俯伏，胖嘟嘟的大野豬，我們只能目食，唯幸得嚐臘野豬肉和臘排骨，用紅椒和青葱炒。小店炒得甚有鑊氣，肉味濃，唯是野豬肉質略粗。

我到過湖南鳳凰，也吃過湘西臘肉，色味俱佳。湘西臘肉有苗家與土家之分，湘西山多，樹木茂盛，土家臘肉用山柴火燻乾，肉味醇厚而帶煙燻香氣，脂肪晶瑩透明，苗家臘肉則凝脂似玉，質感稍異，可惜吃時我只知享受，沒有細意分辨不同風味。甘冒文化立場不正確之險，嚐過大西南這些少數民族的臘肉，更覺廣東臘肉太乾硬。我想其中主要原因是發達地區如廣東或香港，臘肉臘腸多是食品廠大批製造，沒有添加劑已屬正品，遑論是傳統醃製風乾的了。在飯館吃的多

這是玉龍雪山的大野豬，臘成四年，是土家飯店的"生"招牌。

是機器製造的"大路"貨式，與湘西和雲貴山區的私房臘肉，當然不能相比了。

湘西鳳凰到處都見臘味店，掛起來的臘豬頭、臘野兔、臘山雞、臘腸、臘魚…… 另一種古城風光。不知怎地忽然想起先祖父的臘釀鯪魚；在寒冬的北風天裏，孩子在地堂瑟縮地看着祖父宰魚起肉細剁，加入一些甚麼的作料釀回魚內，醬油塗醃魚身，最後掛在竹杆上讓北風和太陽吹曬。忘記了要掛多少日子，漲卜卜的魚漸乾而變成金黃，在驕陽下露出油光……那是我的另一種童年風景。

佈着紫色紋理的五花馬鈴薯，油鹽炒熟，清爽脆嫩。

土鍋鮮藕，和和順順

抵達騰沖機場，乘出租車進城，沿路多見山樹少見樓房，滿眼青綠，空氣非常潔淨清爽。與司機閒聊風土人情與飲食風味，司機言談溫文，果有騰沖人氣定神閒，說話不徐不疾的特色。

近年我對大西南文化興趣極濃，貴州雲南遊了不少地方，這次和永華夫婦到騰沖，目的地是僑鄉和順。我們讀中西交通史一般都集中在東南沿海，直到抗戰之前，很少人注意到滇西的中外交流歷史與國際角色。和順鄉在雲南西陲，茶馬古道上，也曾是明、清和民國的軍事重地。此地距離緬甸不遠，是中國與東南亞往來的中心之一，半數人口在外謀生。華僑注重祖國傳統文化，和順鄉有全國最大的鄉鎮圖書館，各姓祠堂顯示緊密的宗族關係。今天的古鎮雖然已稍露商業化的端倪，但還是能讓人感受到一種敦厚的人文氣息。

由於有高黎貢山相隔，騰沖的開發還是比較晚，和順鄉更有點儼然世外。和順鄉不大，住兩天就很優悠，時間在這裏似乎也慢下來。那天逛累了，在一家小咖啡店休憩，店主是重慶來的年青女子，熱情健談。喝着小粒雲南咖啡，談到風味飲食，她推薦不遠的一家夫妻小店，我們就在那兒吃午飯，有滇西鹹肉和現宰即烹的鮮魚湯，還預約了第二天回來吃土鍋子。

土鍋子是騰沖人春秋二祭上山掃墓祭祖的供品，現在已變成四時美食，不過仍是要誠心細緻地做足功夫的，所以必須預訂。土鍋講究慢火慢煮，先用鮮肉和骨頭熬湯底，材料有芋頭、淮山、黃筍、蛋皮等配豬肉剁製肉丸和肉捲。第二天我們遊罷熱海溫泉，回程前先致電，老闆就開始燒火，材料下鍋。

土鍋陶製，造型似一般銅火鍋，底座有通風口，只是中間的煙囪較短，鍋底燒炭。陶鍋經長期使用，十分油潤。我們到店時，鍋裏的材料已慢熬了一小時，店娘才把炭火扇紅，還等了半小時後才上桌。好漂亮！上層排了不同顏色的蛋皮肉捲和肉丸，伴以鮮豌豆和葱花。底下一層薄豬皮，把鍋裏的作料蓋住，湯在小滾，吱吱作響。豬皮底下是層層鋪疊的肉丸、排骨和蔬菜。味真濃鮮，一個土鍋子就夠我們三人的晚餐。

和順鄉建築風格統一，倚山是民居，山下一條溪水順流而過，隔河是一片遼闊的農田。一個下午我們漫遊鎮中，天忽然下了一場不小的雨，我們坐在溪邊的屋簷下避雨，看着水珠紛墜，落到蓮葉上，一顆顆跳躍的斷線珍珠。雨後沿河漫步田間，溪邊竹筏閒浮，鵝鴨悠然戲水。忽然成群大鳥從田野齊飛，把我們的視線帶到遠山，那才看見山樹佈滿的白點原來全是白鷺。

迎面來一村婦，挑着一擔沾滿泥漿的蓮藕，是村夫在不遠處剛挖上來的。我們回來的時候，村婦已把蓮藕洗淨，當地人在選購。我也買了兩根，回旅館沖洗，再用瓶水泡過，切片。那種清、爽、甜的滋味，我才領略到甚麼叫做蔬鮮！

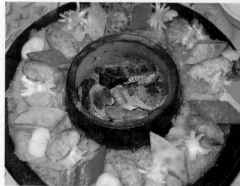

| 1 |
| 2 |
| 3 |

1. 現宰即烹的鮮魚湯。

2. 騰沖"土鍋子"本來是祭祖供品，如今是四時可食的地方風味。

3. 剛從泥裏挖出洗淨的鮮蓮藕。

炒河粉，大救駕

遊雲南騰沖，嚐了當地流行的小食餌塊，麵食餌絲，名食"大救駕"和"大滾鍋餌絲"。

用米蒸成將熟的飯，搓磨後壓成塊，即為餌塊。餌塊放在火上烤，內軟外脆，塗上芝麻或辣醬，是雲南街頭常見的小食。餌切成小片仍稱餌塊，可炒可煮可放湯，像上海年糕，但口感則似廣東河粉。

"大救駕"就是炒餌塊，傳說明末永曆帝被吳三桂從昆明追到滇西，最後逃到緬甸。落難途中經過騰沖斷糧，當地人給他炒了一盤餌塊充飢，永曆帝視為人間美味，誇為救駕之食，因以得名。這無非一個典型的傳說故事。我嚐過大救駕，用芽菜、肉末、薑葱、洋葱炒餌塊，十分接近廣式的乾炒河粉。

"大滾鍋餌絲"是用土雞、老鴨和豬骨熬湯，大鍋趁滾熱上桌，把配套小碟的蔬菜和餌絲傾下，就是一鍋濃湯米線，有點似廣東的湯瀨粉。餌絲用飯漿製成，不及米漿製的米線或瀨粉嫩滑，但較爽口，騰沖人特別喜歡。現在雲南的餌絲都用機器製造，我實在吃不出它與米線或瀨粉有甚麼分別。

"餌"，廣東人聽起來有點古怪陌生，其實這是很古雅的名稱。在流傳漢代的一本類似民間生活手冊的《急就篇》裏就已經提到"餅餌麥飯甘豆羹"。據唐代大學者顏師古的註解，用麵粉調糊蒸熟叫做"餅"，調米粉蒸熟叫做"餌"；餅餌也就是古代糕餅麵食的總稱。

好友到訪舊金山，我們吃了一頓越南河粉。饞友要了寬條河粉，吃來十分欣賞，感慨近年在澳洲和美加吃到的河粉，幼滑勝於一般在香港吃到的。這倒也未必，牛筋腩河是我至愛的美食之一，若找對地方，香港還是世界第一。這使我想起前些有朋友到廣州遊玩回來，他們在沙河鎮嚐了正宗的沙河粉，只歎乏善可陳。當地的招牌蒸河粉尤其粗，香港大牌檔和粥麵店的即蒸腸粉比其嫩滑云云。禮失而求諸野，又一例乎？

隨着經濟發展，南北文化交融，我有好些北方朋友都說喜歡吃廣式乾炒牛河。華北產麥不產米，麵食多為麥造，少有南方用米造的"粉"。不時有人問我：為甚麼廣東人叫麵條做河粉？"米粉"之名就更奇怪了，米粉應該是米磨成的粉末罷。我解釋廣東人粉和麵分得很清楚，麥麵造的是麵，米造的是粉，所以我們有河粉、米粉，還有瀨粉。不過廣東人叫西方傳入的麵食就很含糊，意大利粉、通心粉、蜆殼粉等等，都稱為粉。至於河粉，因源於廣東沙河鎮，故稱沙河粉，簡稱河粉，傳統是用白雲山山水所製，以前沙河粉以嫩滑有米香而著稱。據說沙河鎮曾經向國家申請把沙河粉作為產地專利商標，沒有成功。

"餌"和"粉"，均見於《禮記》、《楚辭》和《說文解字》等古書，二者的定義、原料和製作工序還引起過古代學者的爭論，於此不贅。無論如何，雲南人的餌和廣東人的粉，都保留了非常古老的叫法。

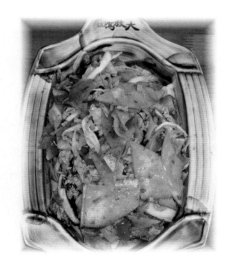

《楚辭・招魂》裏的"肥牛之腱"，即二千多年前的肥牛筋，若與放湯的餌或粉合起來，不就是一碗惹人垂涎的牛筋河！

騰沖名食"大救駕"，賣相食味其實皆似廣式炒河粉。

臭豆腐名揚火宮殿

在長沙，我曾挑戰幾位美國法官和教授："敢吃臭豆腐嗎？"臭豆腐，smelly doufu，stinky doufu，無論哪一種譯法都不是好氣味，臭豆腐本來就是臭嘛！結果他們全都吃了，半數說可以接受，但沒有吸引到要再吃，半數甚喜而添食。那是在著名的火宮殿。

那次交流完畢，臨別湖南，我提議去火宮殿，美國朋友都很雀躍，因為他們的旅遊書介紹此店有幾百種小吃讓客人自選。我們訂了座，黃昏一行十人到了火宮殿，那才知道訂座的都是樓上包廳，吃宴席菜。皺了眉，宴席不是大家期望的，一眾決定移師樓下大堂散座。問題是大堂不設訂座，此時生意火紅，根本沒有空桌。於是我和一位女教授分據東西兩角等位；女教授也是香港移民，我們懂得週末飲茶怎樣等位。大半小時後，大夥兒終於據桌大吃。

名不虛傳，大堂熱鬧非常，點心車不斷推來，洋朋友高興之極，見甚麼拿甚麼，不到幾分鐘桌上已然堆滿，冰凍生啤一瓶接一瓶。美國哪有這樣的場面！來到火宮殿，能不吃臭豆腐嗎？大夥共吃了三盤。我頗佩服這幫美國人，中國人也很多都不吃臭豆腐，更何況這兒的臭豆腐是黑色的，不似上海的金黃酥鬆，也沒有紹興的小巧精緻。

之後美國法官團再去湖南交流，成員大多未到過長沙，但聽過舊年故事，都嚷着要去火宮殿，坐下來就先試臭豆腐，同樣吃得高興。我逗笑說：“這不算數，遠不如從前的臭！”確如是，八十年代初我就吃過火宮殿的臭豆腐，其“臭香”遠勝如今。相問湖南朋友，道是現今食物檢測十分嚴謹，很多傳統食品要符合科學衛生標準，傳統味道都得改變了，可能這就是豆腐不如從前之“臭”的原因吧。原來十多年前長沙到處都是偽劣臭豆腐，衛生部門高調打擊掃蕩。朋友還說：“吃臭豆腐最好還是在火宮殿之類可靠的店子，小店你不知貨源，可能吃到偽劣品，有害健康，小心為上。”

臭豆腐的關鍵是滷水，而滷水的製作複雜，要有年代久遠的滷水而不斷加入新料，方能發酵佳品。為了速成，有人用螺肉或蚌肉製造滷水，使臭味濃烈，也有人在滷水中加入化學品和染色劑，豆腐浸泡半小時就變黑。雖說那是多年前的事，小心為上是真理。

傳統的湖南臭豆腐，滷水是豆豉炮製的底湯，再加入冬筍、冬菇和麯酒，長年累月發酵。百年老店如火宮殿，家傳陳滷是黃金難換的。火宮殿生意太好，據說滷水每年要加入超過一噸豆豉製的新滷，放進 7 噸冬筍和 300 公斤冬菇；是否屬實，恕未查證。

湖南臭豆腐烏黑油亮，炸熟後灑些辣椒碎，澆上用醬油、麻油等調的汁，吃起來皮脆內嫩，濃辣惹味。不過論到臭香，我則以為稍遜上海的一籌。

1

2

1. 長沙火宮殿晚餐時間也仿似香港週日飲茶般熱鬧。

2. 聞名四方的火宮殿臭豆腐，烏黑黑的賣相不佳，但吃起來皮脆內嫩，濃辣惹味。

美國朋友喜歡火宮殿的熱鬧,對於香港人來說,等於星期日飲茶而已。火宮殿是有二百五十多年歷史的火神廟乾元宮,是長沙人民拜神、聽戲、飲食和娛樂的地方。園子裏的舞台保存完好,晚上有地方戲表演。我看過兩次,都是些幽默風趣的劇目,聽不懂方言,台前有電子字幕。飽嚐小吃,庭院聽戲聊天,體驗本地人的閒情,火宮殿又何止有臭豆腐呢?

近年火宮殿企業化,已經開了兩家分店,去年(2012年)我住長沙的酒店,對面就是一家,也就光顧了,小吃品種大概差不多,可是沒有正店廳堂那種氣氛,生意不過如是。

幾乎不是公開的秘密,現在好菜佳餚都在機關的飯堂裏。在反奢華倡節約的指引下,機關少去外面豪華飯店宴客,把好的廚師聘回來就是。那一次我吃到色香味俱全的湖南臭豆腐,就是在一個機關單位的貴賓飯堂。東道主說:"你愛吃臭豆腐,我敢說長沙最好的就在這裏!"

千椒百味的湘菜

前幾年我工作的中美交流項目多在大西南，"附帶福利"是吃到道地川菜，波士頓的朋友說："今知何為麻辣，回去如何受得美國的所謂川菜呢？"

後來交流項目移師湖南，美國朋友得嚐正宗湘菜，又歎從此難再光顧不倫不類的美國湖南館子了。

十五、二十年以前，美國中菜館大概只有兩種：廣東館和湖南四川館。粵菜風行美國不難理解，因為直到上世紀八十年代，華裔移民絕大多數是廣東人，可是何來那麼多湘川菜館？說來可笑，所謂湖南四川菜館絕大多數都是廣東人開的。美國人喜歡香辣，hot and spicy，而人盡皆知湘川兩大菜系皆以辣稱著，菜館掛上 Hunan Sichuan cuisine 的招牌，菜餚加入現成的辣椒醬，美國人就認為是湖南或四川菜了。

一般人的印象中，湘菜不離一個辣字，的確如此，連清炒菜心都放椒絲。近年我們常到湖南，東道主知道美國客人喜歡"香辣"，饗以道地家常菜，菜式天天換，我這才領略到甚麼叫做千椒百味，大開眼界，享盡口福。湖南菜不愧是中國八大菜系之一。

諸菜之中，剁椒大魚頭果然名不虛傳。魚頭夠大，魚臉和魚雲厚而嫩滑，帶着紅椒的辣味和香氣，百吃不厭；美國人不會吃魚頭，精華盡歸我五臟。我有機會見到廚師，問剁椒造法，原來新鮮紅辣椒要先曬一天，剁碎後加入蒜蓉薑蓉，用白米酒和鹽調味，即成剁椒醬，放在瓶子裏隨時可用。

剁椒紅得怕人，但其實不算太辣，辣的是綠椒。有一回上桌有一盤炒得青嫩的菜蔬，美國朋友舉箸送進嘴裏，隨即見他整個人幾乎跳起來，瞠目結舌，原來盤中非青菜，是辣椒。此君剛剛還吹噓自己能吃辣，此刻拚命喝涼水，大家笑得人仰馬翻！

煙燻臘肉是湖南風味，我在湘潭始嘗，得識佳味。我們在旅館旁一家小店吃飯，招牌菜為自製臘肉，有二十多種，豬牛羊雞鴨固然俱備，鹿、驢、兔、狗亦齊全。我嗜羊，要了一盤臘羊肉小炒，肉甘香而不韌，配以冰凍本地啤酒，天作之合。

雖說湘菜以辣為主，我也吃到幾個不辣的菜，燒得極好，尤其為組庵魚翅和麻仁酥鴨，想起來猶有餘韻。組庵魚翅是著

名的譚家菜之一，乃清末美食家湖南督軍譚延闓的家宴名菜。譚
氏家廚曹敬臣的紅煨魚翅別成一格，用五花腩肉與魚翅同煨。湯
比廣東紅燒翅的汁稍稀，又不像潮州翅那麼稠；軟糯的翅針混在
香滑如乳的淡黃湯中，口感味道到達調和鼎鼐的境界。

口味與飲文化均與地理水土有關，湖南溫熱潮濕，而辣椒有開胃、
驅濕、驅風之效，故湖南人家常食用，無辣不歡。說也奇怪，我
平常在家，多吃兩三頓辛辣菜餚即會感到"熱氣"，聲沙喉痛，在
湖南天天吃辣椒，居然喉底清爽，沒有半點濕熱不適。身在異鄉
須順其水土之說，不由得你不相信。

大紅椒

調和鼎鼐鎮江白汁鮰魚

在武漢大學專家樓餐廳，我再次吃到長江鮰魚。我看到餐牌封面內頁，時令推薦長江鮰魚，取價六十八元一斤（那是2010 年），當然不能錯過。招來侍者點菜，侍者要進廚房先問，說這種魚只供應一個月左右，近日每天都有，但常常午飯已賣光。我們有食福，吃到一尾斤許重的，粵式清蒸。

農曆三四月是鮰魚最肥美時的季節，第一回吃江鮰是在鎮江，那次在復活假期到南京玩，當中一天作鎮江小遊。我在鎮江有一位老朋友，是頗有地位的“吃主兒”（懂吃、懂烹、懂評的食家），她遣人購得野生江鮰，用傳統烹調的白汁炮製。

“白汁江鮰”上桌，只見切段的全魚浸在淺黃的濃汁中，色相已然賞心悅目，淺嚐一口即無法停箸。魚肉鮮嫩清甜，厚厚的魚皮軟糯滑膩，那種獨特的質感少有他物可比。江南人擅長半湯半汁的菜式，鮰魚湯汁的香滑鮮美，難以形容，怪不得鎮江人自詡為“肉如腐，汁如乳。”

請教吃主兒白汁鮰魚的製法，先用薑、葱、酒和醋，再加少許水放鍋裏燒煮，取出再加鹽糖調味，傳統烹法還要加入豬

油，將這濃汁和魚一起用文火燉。鮰魚肥美，燉至魚皮軟糯，魚
脂與汁液交融。長江鮰的獨特質感和滋味，作料雖然簡單，卻教
人領會甚麼叫做"調和鼎鼐"。鮰又稱鮠，又叫回魚、白吉、肥頭
魚或肥淪等，當中以長江鮰最負盛名，學名叫長吻鮠，亦即在中
國文學中常讀到的江團。鮰魚是一種十分古老的魚，文獻記載遠
至秦代，當時稱為獺魚。鮰魚是江河的深水魚，大江南北均有生
長，產於激流區域者最為肥美，長江流過湖北石首一段水域的鮰
魚被視為極品。

鎮江人自豪的"肉如腐，汁如乳"的名菜白汁江鮰。

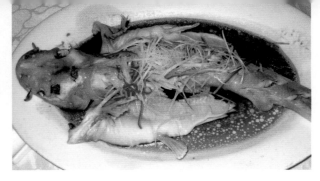

武漢清蒸長江鮰
魚，蒸法頗近粵
式，更顯鮰魚本貌。

蘇東坡曾有詩《戲作鮰魚》："粉紅石首仍無骨，雪白河豚
不藥人。寄語天公與河伯，何妨乞與水精鱗。"古代文獻中
的石首魚有指黃花、鮸魚或鱸魚。蘇東坡讚美鮰魚色澤粉
紅，鮮美可比石首魚（黃花鱸魚鮸魚），但勝在無刺骨；肉
質白嫩如河豚，但勝在無毒，並且無鱗。順道一提，國內坊
間書刊常見解釋蘇東坡此詩中的石首為鯽魚，當是誤解；鯽
魚屬鯉科，不屬石首科。

鮰魚近年是水產養殖的大事業，那次在武漢吃的就是養殖鮰
魚，比在鎮江吃的野生長江鮰，價錢自是低得多。魚端上
桌，席間一位美國朋友說："Catfish 而已！"Catfish 是盛產
於密西西比河流域的大塘蝨魚，肥大無骨，但泥味頗重，美
國到處有賣，長年供應。我說其形雖似，食味大有天壤之
別，根本是完全不同的魚。Catfish 是塘蝨，屬塘蝨科魚，鮰
魚則屬鮠科，科屬皆不同。那位美國朋友並非饞人，雖聽了
我的解釋，仍大有不外如是之意。誰知他嚐了一口，即驚為
美味，下箸不能自休。這清蒸鮰魚也佳絕，但和鎮江的白汁
江鮰相比，遠遜了。

鎮江白汁鮰魚肉嫩脂甘，此外我印象最深刻的還有混融汁液的魚皮，那種軟糯的質感很難形容。題外話是我回到美國，偶然發現了鰩魚的魚皮勉強可以烹製類似的菜式。鰩魚是很粗賤的魚，香港艇家稱為魔鬼魚，魚鰭比魚身還要大，美國餐廳以之作菜，稱為 Skate Wing，一般是去皮後香煎。鰩魚鰭非常厚，內裏的肉很嫩，而且魚味甚濃。以前偶爾我也烹製，只是要多用薑蒜去腥，又要先去十分粗的沙皮，頗嫌麻煩。吃過鎮江白汁鮰魚之後，靈機一動，既然去皮那麼麻煩，何不試連皮以鎮江式白汁炮製，心想，燉好後可以棄皮吃肉。

如此隨心一試，發現燒燉之後，粗如沙紙的鰩魚皮竟然變得軟滑無比。鰩魚皮當然不及鮰魚皮之糯膩，但吸收汁液之後絕對算得上美食。鰩魚鰭肉味濃但有點單調，沒有鮰魚的清鮮，第二次我就多加薑、黃糖和陳年紹酒，並且添了少許陳皮，果然十分和味。美國人一般只吃魚柳魚塊，鰩魚鰭皮韌多軟骨，屬賤價食品，我家附近魚店只賣兩元半一磅。雖說價賤，但去皮香煎，吃時棄骨，一磅得來的嫩肉大概只有四安士，其實絕不便宜。

白汁鰩魚鰭雖與白汁鮰魚有極大的分別，但鰩魚必為野生，長於深海，少污染，如此炮製，皮肉可得八成，價廉物美！

毋須拚死食河豚

我弟是釣魚"發燒友",幾乎每星期都和釣友出海。他的釣友有船家和前艇戶,都是深諳水性,釣術甚精之輩,出海多有所獲。日暮歸棹西貢讓酒家炮製,各自傳呼家人共享。我若在港,時有口福。去年十一月回港,弟弟好幾次釣到黃花魚,惠及我的老饕好友,吃得甚樂。香港海域的水質在過去二十年變化很大,從前輕易釣到的一些普通魚種,現在都變得稀罕,黃花是為一例,甚至最為釣友討厭的雞泡魚,也愈來愈少了。

談到雞泡魚,我的印象最深刻。兒時我們每逢週末或假期,都隨父親釣魚,由深水灣、南灣到赤柱,由南丫島、長洲到梅窩,當年滿海都是雞泡魚。雞泡魚劇毒,釣得也無用,最討厭是其有鋒利的牙齒,上釣會咬斷魚絲逃走。我們用手絲,最緊張和高興的時刻在於手指頭感到魚兒吃餌,輕輕一扯,魚上鈎了,收絲把魚拉上來。若是明明感到有魚上鈎,一扯一拉,魚絲忽然變得輕如無物,原來連鈎都沒有了,那肯定是雞泡魚。若碰着雞泡魚群,那天準是賠了夫人又折兵。

雞泡魚雖討厭,對小孩子來說又頗好玩。香港海域的雞泡魚品種不少,花紋顏色各有不同,最多是灰底黑點的,大多全

筆者在南京吃到的河豚。

身有刺。釣友最怕碰到雞泡，釣了上來不會放回海裏，怕牠又來吃餌。雞泡魚上水之後，肚子立刻會鼓漲起來，全身的刺豎起，有時還發出聲音，這是保護機制。很快魚已經漲成球狀，即使任憑太陽曬乾，牠仍是鼓漲的。大的雞泡魚可以有排球那麼大，小孩常當球踢，其實有點殘忍。雞泡魚有意想不到的生命力，你以為鼓漲的小球動也不動，已經曬成魚乾，把牠丟回海裏，誰知一進水，氣一放，球變回魚，箭一樣溜向水底去了。

眾所周知雞泡魚是日本名貴刺身食材，日文叫做 Fugu，吃雞泡魚無過於日本人。小時候聽艇家說，有一段時期日本人風聞香港滿海雞泡魚，遠道飛來僱舟出海，配備精緻小冰箱和全套工具，在艇上即時處理魚獲。

蜑家人也懂得切割，多製成魚乾，據說甜美無比，價錢甚高，而且非相熟的不賣。我們兒時租艇釣魚，認識一些蜑家人，但從沒想過冒險一嚐。香港蜑家吃雞泡魚中毒的事故，事實上也偶有所聞。

雞泡魚鹹淡水皆有，我一位南京的老饕朋友，每年二月前後他必到江上大快朵頤，並相約帶我去，我也只是說說而已。直到年前江南小遊，南京好友設席，我第一次吃到河豚。河豚半呎長，主

客每人一尾，用精美的瓷碟奉上，全魚之外還附一小塊魚肝。河豚劇毒不是在魚肝嗎？朋友解釋，請放心，這是無毒的飼養河豚，肝不但可吃，且是美味中精華。朋友款待我這家是當地官員經常宴客的飯店，該不會有差錯。我先小嚐一口，河豚皮不厚而軟糯，肉甚嫩而鮮甜。江南風味醬汁頗濃，我想若以粵式清蒸或者更能嚐到河豚的獨特鮮味。魚肝味甚厚，沒有半點腥，質感滑膩。席上每人都吃完整條小河豚，沒事，謝謝天！主人見我吃得樂，再來一個驚喜，請廚師另加了一盤魚肝。衝着主人是熟客的面子，大抵有其他客人的河豚會少了一片肝，我等舉箸就是。

河豚是被禁之物，南京老饕說過，要吃須有門路，只能到相熟可靠的江船，等閒每斤索價二三千，而且並非有錢就可得食。這次我們吃的是養飼品種，但價也不菲，一般飯館是吃不到的。

在有養殖之前，河豚一向不易得，老饕為之拚死。吃不到河豚，又不想冒死，江南人會吃另一種叫鮰肺的魚聊以解饞，鮰肺的肝也是妙品。鮰肺與河豚雖同屬肺魚，鮰肺無毒，但食味和價錢都相去甚遠。

日本早已成功研發養殖河豚，國內近年也養殖無毒品種，叫暗紋東方豚，生產地集中在江蘇，光是南通地區，年產已過五百萬條，供應全國並運銷日本。養殖的方法是把魚苗放入超大型的養殖池，讓魚野生化，據說味道和質感與野生河豚十分接近。我未吃過野生品種，無法比較，倒要問問常吃野生江豚的南京饞友。

吃得釋懷，又有點失落。"竹外桃花三兩枝，春江水暖鴨先知。蔞蒿滿地蘆芽短，正是河豚欲上時。"惠崇名詩那種意趣從此大為褪色，蘇東坡再生，也毋須拚死食河豚了！

主人見客人吃得樂，
設法弄來一盤河豚肝。

緣繫揚州，百年富春

2001 年遊南京，週末順道去了揚州一天，探望年前在美國認識而成了朋友的女法官帥巧芳，當時她已經是揚州中級法院的院長了。巧芳是個吃主兒，熱情招待，更有緣吃了一頓精彩的淮揚菜。

這天晚上巧芳在富春茶社款宴。富春茶社以早點馳名，唯是我到揚州已近中午，錯過揚州人"早上人包水"的光景。巧芳知我，特別請廚師做了富春最著名的點心，加上幾道巧手菜式，邊吃邊聊，過了一個非常愉快的晚上。淮揚菜我嚐得不多，所知也淺。從前在香港，好的淮揚菜只有一兩家，在美國吃到籠統的上海菜已算不錯，遑論真正的淮揚風味。揚州菜重選料、刀工、火候；湯清味純，濃而不膩，講究原汁原味，鹹中帶甜；這些特色對我來說只是紙上談兵，這是第一次嚐到絕品的道地淮揚菜。

揚州食制起源於春秋戰國，初盛於秦漢，鼎盛於隋唐，中興於明清，歷代食家和文人談及揚州菜的不勝枚舉。歷代書籍，由屈原的《楚辭》，以至清代袁枚的《隨園食單》，均有描述揚州菜之精美。最著名的莫如漢代枚乘《七發》裏形容："熊蹯之臑，芍藥之醬，薄耆之炙，菜以筍蒲。肥狗之和，

冒以山白露之茹，蘭英之酒，酒酌以滌口。山梁之餐，麋豹之胎……"《揚州畫舫錄》詳細記載廚師為乾隆製作一百零八道大菜和四十四小點，歎為觀止。

三黃雞、鴿蛋、海蜇等十個冷盤鋪列桌上。

富春茶社是揚州百年老店，1885 年創業於德勝橋。相傳富春聲名大起始於乾隆下江南時，皇帝吃的是五丁包子，讚不絕口，不過乾隆到過的富春應該不是今天的富春。百多年來文化人寫富春茶社的不少，它的五丁包、三丁包、酥餅、千層油糕、蘿白絲酥餅、翡翠燒賣等都在文學作品中出現過。

那晚甫入席，十個冷盤早已鋪列桌上：三黃雞、鴿蛋、海蜇、香蕈、排骨、水晶餚肉 ……都是在別處沒吃過那麼好的，還有兩碟泡菜，一塊鹹甜恰到好處軟滑無匹的南乳！

我一向喜歡江南冷盤，每菜吃一點已到半飽，此時主菜上桌，又不斷有驚喜：清炒蝦仁、大煮乾絲、蟹粉獅子頭、鍋燒魚肚，紋絲豆腐，芙蓉雞片，最後當然不缺揚州炒飯。巧芳是美食家，又會燒菜，知道我愛研究飲食，每一道菜她都詳細道來。例如那碗文思豆腐（又

純如白玉、細如髮絲的豆腐燙在鮮甜的雞湯裏。

稱紋絲豆腐），純如白玉細如髮絲的豆腐燙在鮮甜的雞湯裏，呷進嘴巴隱然有豆腐質感，卻又融化於無形，精彩之極。

飯後，巧芳又給我一個最大的驚喜，請了主廚徐永珍上席！看店內懸掛她到處獲獎的照片，沒想到這位國家級大廚師純樸得像鄰家大姐，親切可人。徐永珍顯然話不多，總是純純地笑，可是談到點心美食，話匣子就開了。我讚歎文思豆腐幼如髮絲，原來那是用一塊普通嫩豆腐先橫切薄片，再削成絲。巧芳說："論到業餘燒菜我也算能手，但我最多只能切十八片。"徐永珍最少切出三十片！

我們吃到獅子頭，湯鮮肉酥。徐大姐娓娓道來，獅子頭就是燉豬肉丸，酒家做得到，家庭煮婦也做得到，可是要懂得原理才能做得好。首要是豬肉好，揚州的豬以皮薄肉嫩、肥而不膩馳名。此外就是肉的肥瘦三七分，而且要因應天氣冷暖而調整至四六分，這與廣東人的肉丸和蒸肉餅原理一樣。粵菜的肉丸肉餅講究剁肉，機器攪肉就無法做出好的質感，不會爽口。廣東肉丸肉餅講究爽口，與淮揚獅子頭要爛糯是不同的標準。揚州獅子頭還有秘訣：精肉（瘦肉）要剁，剁好後必須撻打才會軟滑，但肥肉則要切成肉丁，這樣肥油才不外漏,湯汁不膩。肥肉混和精肉,用原湯以砂鍋慢火燉,燉好的肉丸軟爛而不散,湯濃而鮮。就是豬肉丸那麼簡單的一道菜,都要了解每種作料的特性而發揮,那才是好廚師的秘訣,現今大多飯店廚師欠缺的就是基本原理。

揚州菜另一特色是原汁原味,雞湯是廚師的秘訣。今天的飯店廚師大多都用味精,似乎不放味精就提不起味,徐大姐當然不用味精。她說:"其實提味不一定要用精味,我用的是淡水蝦子。"說着,她吩咐服務員到廚房取來。蝦子呈淡棕色,烘得乾香。"現在很多假貨,製得不好又會發腥,我用的是特定供應,頗貴,過百元一斤,但每次只用少許,放在雞湯或包餡裏,味就提起來,感覺完全不一樣。我到國外表演燒菜,蝦子都放在手提行李裏,不敢存艙,怕失了就燒不出好菜。"記得已故家翁也有秘密武器,烘乾大地魚磨的粉,用法和徐大姐的蝦子異曲同工。

當年五十七歲的徐永珍是富春茶社的總經理和總廚,又是中國烹飪協會的副會長,她以廚藝奪獎無數,中國領導人無不吃過她的名點。她又應邀到過歐、美、日本表演,揚名美食之都的巴黎。她謙遜地說點心是本行,燒菜是後來才學的:

"他們要我當總經理，那就不能只懂做點心；不懂燒菜就壓不了陣，所以我認真地每一道菜跟師傅學。不過，燒菜一理通，百理明，也不難。"

徐永珍自道出身窮家，十五歲就到一家小食店當學徒，學造包點，但師傅只教她擀麵搯皮。學師一年多，她擀皮的速度已冠絕同行，有一次朋友叫她參加揚州的擀餃子皮比賽，她兩分鐘擀出七十二張餃子皮拿了冠軍，隨即到揚州文化宮表演。"有一位七十多歲掛着長鬚的老人家問我，你有興趣到富春茶社學包點嗎？我聽了，心想富春茶社名氣那麼大，人家會要我嗎？想不到老人家就是富春的老闆陳步雲。就是這樣我十七歲進了富春，直到如今。"

富春茶社被公認是淮揚點心的殿堂，要求嚴格，學師要練好扎實的基本功。"進了富春，我很認真地學基本功。揚州的包點基本分四大類：酵（包類）、水調（燒賣鍋貼類）、油酥（盤絲餅類）和雜點（如澄麵製點心等）。這都不是一朝一夕學成的。"

富春茶社至今仍是揚州最出名的傳統老店，原店在得勝橋一條狹窄古舊的小巷裏，我不少饞嘴朋友都去過。那天我們去的是揚子江富春茶社的分店。得勝橋的富春店小，難以發展業務，徐永珍

就被調到分店主持。

我有幸認識好幾位燒菜能手，江獻珠女士燒出來的每一道菜她自己都細意品嚐。大榮華韜哥梁文韜自認饞嘴得無藥可救，他會大嚼。已故家翁愛燒菜饗客，自己則淺嚐即止，最大的樂趣是拿着酒杯看客人吃他的菜。徐永珍呢？"我愛研究點心菜餡，平日自己吃得簡單。可能自小習慣較愛主食，吃包點麵食就很滿足。現在因為健康問題不能吃糖，吃得更簡單了。"說話間徐大姐突然興奮地說："噢！不少人和我一樣不能吃糖，前時我研製了一種南瓜甜點，味道很不錯，我給你們弄幾個嚐嚐！"這時我們都酒足飯飽，大家謝她，把機會留到下一回。

只要你看到徐永珍一下子想起自己鑽研出來的新點心那種神情，就一定同意我說她可愛。她不是廚師，是一個活在藝廚世界的快樂人！

盤滿缽滿

看美國電視有否注意到像這樣的情景：探員在警察局裏分析案情，或者設計人員在趕工，他們拿筷子或膠叉吃着白色方形紙餐盒裏的麵條。他們在吃外賣中國餐，這種場景經常在電視劇電影中出現。

喜歡吃中菜的美國人真的不少，雖然他們只愛春卷、甜酸肉、炒麵和炒飯之類寥寥幾款。從大都會國際城市到偏遠小鎮，美國任何角落總能找到中國菜館。美國人吃中國菜，很多時是外賣或者在中餐小店隨便吃一頓，若論到請客或講究一點的，他們就很少想到中菜。其中主要原因是中菜雖然價廉物美，但大多數中餐館的環境不如人意。另外就是中餐的上菜方式和菜餚賣相，比較難讓美國人感到舒服自在。

西餐是一道一道地給每位客人上菜的，淺斟細酌，講究一些的美國人就要吃得這樣舒服自在。中菜是十道八道菜一併放在桌上，有時放不下，還會間隔疊起來；未吃到一半，看起來就已杯盤狼藉。當然也有美國人樂於光顧的高級中菜餐廳，例如三藩市有一家老字號，用西餐的方式上中國菜，價錢也與法國菜等齊，生意非常好，顧客幾乎都是白人或者 ABC（土生華裔）。問題是中菜和西菜不同，一盤香噴噴熱得冒煙的生炒排骨在廚房裏分好，送到

客人面前時甚麼鑊氣都沒有了。美國人不知鑊氣為何物，不會介意。

Food presentation 是西餐極重要的一環，通俗一點說就是賣相，對應中國菜可能就是色香味中的色。西餐的香與味可以很薄弱，但色相絕對誘人。西餐"擺盤"是一種藝術，廚師不但要學，更要有藝術感和創意。中菜則相反，香與味或許很誘人，但色相通常欠奉。較上檔次的中菜館在賣相方面也下心思，不過典型的若非雕龍琢鳳，就是青瓜片、罐頭菠蘿片、糖水龍眼肉之類，整整齊齊地排在碟邊。可惜那些胡蘿蔔雕成的龍鳳和青瓜片等都已乾硬，讓人懷疑是否重複用了多次。

用你的一點想像力：生蠔放在鐵板上稍烤，待有蠔汁流出時即離火，除去半邊殼。把三隻半殼生蠔排在一個小銅盤上，另用小碟盛醋伴之。我沒有小銅盤，改用瓷碟，也不錯，簡單而色美。這是古書《齊民要術》的擺盤："……汁出，去半殼，三肉共奠……別奠酢隨之。"書裏提到比蠔小的蚶，一個銅盤放三隻，要多些？用大銅盤，放六隻。

這是接近一千五百年前的譜，誰說中國菜不講賣相呢？可惜今天美國的中菜典型是分量大盛器小，總是盤滿缽滿，菜都堆到碟邊，隨時會掉到桌上。即使菜不滿盤，碟邊卻是沾了芡汁，感覺上就不夠整潔，更遑論美感了。這點若不改進，中菜在美國就很難建立高檔次的形象。

1

2

3

1. 西餐的典型"擺盤"：大大的碟小小的菜；French Laundry 的煎鱸魚，賣相就是美！

2. 中菜的典型賣相，令人隨時擔心炒鴿鬆的鴿屁股掉到桌上。

3. 《齊民要術》在兩千年前已講究賣相，教人"擺盤"：三隻生蠔配小碟醋。

旅遊瑰寶話街市

"所有大城市都有一個供遊客遊逛的大街市，怎麼香港搞旅遊的人沒想到這點？"這是劉健威兄遊罷西雅圖批克市場（Pike Market）寫下的感歎。我想起了早已廢棄內涵的中環街市。

深有同感之餘，我又想起了美國最古老的波士頓昆斯市場（Quincy Market）和三藩市客運碼頭的摩登街市。

批克市場我還是頗熟悉的，那是每到西雅圖必去之地。一百多年前這原是農人漁伕單打獨挵出賣農產漁獲的集中地，後來市議會通過法案，把居高臨下俯覽海港的黃金地段劃為銷售本地漁農產品的市場。批克市場數年前剛好慶祝百年紀念，人家一百多年前就有用法律和實質來扶助本地漁農的概念，不能不佩服當年西雅圖議員的眼光高遠。

"所有大城市都有一個供遊客遊逛的大街市"，說法其實不太準確。美國很多城市本來都有大街市，但拆了之後追不回來，現在大多只好定期定點搞臨時的農墟（Farmers Market，國內譯為"農貿市場"，農墟是香港近年的名詞，信達之至）。六十年代是美國拆舊建新聲音高漲時期，但紐約中央大火車站因甘乃迪夫人發起的抗議運動而得以保留，是今天公認的大都會瑰寶。西雅圖市議會 1971 年就批克市場的保育，通過法案組成公共信託機構 "批克市場保存及發展局"，至今仍在運作，確保這大街市保留傳統特色，為本地農人開拓銷售農產地盤。此外，保發局還營運 600 廉租單位和提供低收入人士的各種服務，比較複雜，這就不屬於我們的主題了。

波士頓的范紐爾堂 Faneuil Hall 是比美國歷史還古老的街市，1742 年落成後是波士頓人聚集的地方，後來成為獨立革命的宣傳基地，現在列為波士頓著名的 "自由之路" 歷史遊覽線其中一點。1800 年代初范紐爾堂旁邊興建了兩座兩層高的街市，叫 Quincy Market，沿用至今，不過後來都改為旅遊商舖和美食中心。這座坐落市中心和海邊之間的歷史建築群，沒拆過，成為波士頓最賺錢的旅遊點。我出差常常下榻毗鄰的千禧酒店（Millennium）也是近百年的建築改成，每個週末六日兩天，酒店旁邊有很大的農墟，酒店更用作宣傳。本地人來買海鮮蔬果，遊客湧來湊熱鬧，我必然在攤檔前光顧現開現吃的生蠔和細頸大硯，有時擠得轉身不得，我就買回酒店房間，開一小瓶葡萄酒，慢慢享受。

三藩市航運大樓建於 1898 年，曾是航海客運黃金年代的繁忙碼頭，隨着傳統航運衰落，加上 1989 年地震破壞，在瀕臨拆卸聲中，市政府議決追上 "潮流"，組成公共信託委員會，把航運大樓加固維修，變成摩登街市 Market Place，是西雅圖批克市場的豪華版。有機蔬菜水果、名貴野菌、高級火腿、加州葡萄酒以至魚子醬，琳琅滿目。

回說西雅圖批克市場，除了鮮野菌、魚蝦、核仁、芝士和顏色繽紛的蔬果外，以前還有全美別處買不到的煙燻三文肥魚腩乾。我對這街市有興趣可能出於嘴饞，但每年吸引超過一千萬的遊客，肯定絕大多數不是老饕，證明舊不一定要拆。

動點腦筋，本質和推廣方向找對了，誰說街市不能成為摩登大城的旅遊瑰寶？

1	2

1. 西雅圖 Pike Market 排得漂亮的肥蟹。

2. 魚販風趣幽默已成西雅圖 Pike Market 的特色，
   連貨品價牌都吸引過路人。

一個生物學家釀酒師

我有時會吹噓自己有本領以不怎麼樣的私房菜，換取酒莊老闆級數比菜餚高得多的美酒。說的是麒連酒莊 Kalin Cellars 的老闆李敦 Terry Leighton 夫婦，多年前由著名詩人美食家馬朗介紹認識。他們在加州索諾瑪酒鄉和法國貝根地都有葡萄園和酒莊。記得一次請他和幾位饞友在家晚飯，一星期前他要我列出菜單，說明主要配料和調味，他好去酒窖選酒。我準備的菜式有加州大鮮鮑（剛好有捕鮑友贈我）、龍蝦拼鄧津蟹肉冷盤、清湯魚翅、香煎鮮貝、燉維珍尼亞火腿鮮腐卷、炒蠔豉鬆、豆苗和鮑汁松茸撈麵。

李敦夫婦當晚提早半小時光臨舍下，啟門後他倆拖了一個大冰桶進來，裏面有十多瓶不同的酒。李敦先在廚房逐一試菜，然後選了當中七瓶配對。那夜我們飲的，最"年輕"是 1984 的法國白酒。

這對夫婦很有意思，平日生活非常簡樸，唯獨講究佳餚美酒。李敦尤其精於酒與食物的配搭，多年來與他交往共餐，我學到不少精闢獨到的道理。然而，我想談的並不是酒食，而是李敦夫婦其實反映了加州酒鄉近半世紀的發展和一種值得欽佩的美國精神。

一次晚宴 Terry Leighton 帶來配菜的美酒，最右的是麒連酒莊的珍品。

加州最早的葡萄園是二十世紀初由歐洲傳教士引進的。今天北加州有近千家大小酒莊，當中超過四分之一是在 1960 年代以後創業的精緻小酒莊，集中在索諾瑪郡（Sonoma County）和納帕谷（Napa Valley）。上世紀七十年代是美國由烈酒文化轉向葡萄酒潮流的時期，葡萄園和酒莊成為醫生律師等專業人士的投資目標，索諾瑪郡和納帕谷的小酒莊如雨後春筍，成為全國著名並且踏上世界舞台的酒鄉。酒莊與其他投資項目不同，投資者必為愛酒之士，本身對釀酒有興趣。他們既是潮流的追隨者，也是潮流的領導者。

李敦夫婦都是分子生物學家，丈夫 Terrance 是柏克萊加州大學教授，2002 年退休後更忙碌，因為他是 9•11 之後被華盛頓邀請分析和預防生化襲擊的專家，經常差旅於加州與華盛頓之間。他們也是在加州酒鄉興起時期，1977 年在三藩市以北的馬連郡（Marine County）開創麒連酒莊（Kaline Vineyard）。酒莊雖然不是大規模，但他們對不同葡萄的分子結構有科學化的了解和分析，調控釀酒技術，分子生物學家夫妻檔闖出名堂。

我認識一位在納帕谷的橄欖園主 Talcott 醫生，他在經營橄欖園之前也曾經擁有葡萄園。杜博斯和李敦都是以追求自己擁有一個酒莊的夢想開始的，但杜博斯早已把酒莊賣掉。他自道得到的教訓是："酒

前菜之一，龍蝦拼鄧津蟹小冷盤。

莊不是賺錢的玩意！"這是不少投資小酒莊的專業人士的心聲。

李敦夫婦的酒莊賺錢嗎？我未問過。麒連酒莊三十多年沒有易手，前幾年他們更收購了法國貝根地一個葡萄莊園。

麒連的酒得到極佳評價，李敦自任釀酒師；著名酒評家 Robert Parker 不只一次撰評："李敦是加州兩名最具天才的釀酒師。"讓人驚訝和佩服的是，年產七千箱的葡萄園，老闆兼員工就只有夫婦兩人。除了葡萄成熟時會僱用臨時工，一切工作都是夫妻倆"一腳踢"。李敦要教學研究，平日從早幹到晚的是妻子法蘭西絲。與 Talcott 橄欖園的退休醫生夫婦一樣，在我們看來，又是一個"攞苦來辛"的故事，但這正反映了傳統美國人為求理想不計辛勤的精神。

法蘭西絲一年中有三個月在法國打理貝根地的葡萄酒莊。我一直說要跟她去玩，法蘭西絲說："好呀！不過我不能陪你玩，每天都在葡萄園地和工人一起幹活。做老闆的不身體力行，法國人會欺負你外行。"所以，我還未敢真的跟她去貝根地。

一個加州橄欖園的故事

友自香港來，結伴酒鄉去。那次一行五人，我當司機兼嚮導，納帕谷（Napa Valley）試酒不在話下，還添加了私房式試橄欖油，一個驚喜的新經驗。橄欖園主 James Talcott 是前美國駐華大使雷德的大舅，友人與這位著名的老饕大使是摯交，我們得以沾光在陶爾葛特橄欖園消磨了半晝。

Talcott 橄欖園在納帕谷南端著名的白葡萄之鄉 Carnerous，莊園五十二英畝。Talcott 夫婦熱情招待，我們在小崗頂的莊園大宅欣賞 360° 的酒鄉風光，參觀橄欖園，試橄欖油，學到不少有關橄欖的知識。

與試酒一樣，橄欖油也是矇瓶盲試的，James 在深藍的玻璃小杯傾入少許橄欖油，用深藍杯是讓試者免受油的顏色影響。他建議輕呷一口，像試紅酒般在口腔舌間蕩一下，再慢慢滲吞到喉底，這樣才嚐試到橄欖油的獨特滋味和質感。我們試的是帶有椒味的品種，良久喉底還留有炙辣的刺激感。

James Talcott 原是納帕谷一位醫生，二十年前買了這一片小山崗，六年前開始種植橄欖樹，五年前設計建築了這崗頂住宅，四年前退休，和妻子全力經營橄欖園。宅前的數株老橄欖樹是之前兩年

我們品試的 Talcott 橄欖油，
前方為試橄欖油的藍玻璃杯。

由中加州移植過來的。原來橄欖樹根淺，90% 的主根在兩呎
多的表土，即使百年老樹，由專家移植不難。莊園裏三千株
新樹都是五六年前種的。初植樹苗很花功夫，樹成型後，抗
旱力強，加州缺水，新樹長了三年，他們已停止澆水，但橄
欖樹也長得十分茁壯。

Talcott 種的是意大利突斯肯尼品種，一株成熟的樹含苞可達
五十萬，但結成欖的約只有百分之二。新樹每年長大，收成
逐年增多，Talcott 預計今年可收成四百箱橄欖油，每箱六
支，每支 375 克。

橄欖是加州新興農業，目前絕大多數的橄欖園是家庭式經
營。加州的橄欖收成期在十一月，橄欖園都僱用散工收摘。
收成的橄欖必須在 24 小時內榨油，一套壓榨系統最少要
二十五萬美元，所以橄欖園少有自設機器，他們都像 Talcott
一樣使用榨油公司的服務。這些公司還有流動服務，收成期
就到當地收橄欖。不同園子的橄欖送到榨油公司壓榨，一週
後園主取回五十加侖桶裝的原榨橄欖油。

這樣收成榨成油後，Talcott 夫婦取出少量裝瓶，賣給喜歡未

經沉澱鮮橄欖油的顧客，餘下的存放約三個月，讓殘留的微細欖渣沉澱，油變得晶瑩透亮，再送去裝瓶公司。瓶裝橄欖油送回來後，Talcott 夫婦就在莊園裏貼上標籤，裝箱付運出售。

一個橄欖園就是這樣開始的。五十二英畝莊園，除了收成摘欖時僱用散工，所有工作都是 Talcott 夫婦兩雙手親自做，每一吋土地都是自己翻土除草，每一株樹苗都是親手種的。烈日之下，每天有幹不完的工作。收成後除了壓榨和裝瓶假手於人，貼標籤、上網銷售、裝箱發貨、收款記賬，全都是自己做。

James Talcott 醫生曾經開過葡萄園，賣了。"小葡萄園都是無法賺錢的。"橄欖園呢？夫妻笑說："也不賺錢，但幹得開心。"

兩人操持五十二英畝橄欖園，每天是忙不盡的事，只有九月橄欖結果但未成熟的農閒期，他們才休假兩週到別處遊玩。烈日當空，我們戴上帽子也覺得炙熱難當，James 下午要繼續在戶外工作。歸途上香港眾友都說："佩服！換了是我，一定不作這樣的生活選擇。"

我第二次去橄欖園，James Talcott 指着南坡說："今早五時起來，除了一半野草，下午要完成另一半。我喜歡早起工作，然後吃個優悠的午餐，下午再幹活。"

在我們看來，這是不是廣東話所謂"攞苦嚟辛"？但見這對年過花甲，精力旺盛，神情開朗的夫妻，只能說："怪不得他們那麼健康！"從 Talcott 夫婦身上，我似乎看到美國人的開拓精神：未知前景也願意開創新路，不以勞動艱辛為苦。一百多年前，美國人開拓了西部；大半世紀之前，他們開拓了加州納帕谷酒鄉。現在納帕和索洛瑪兩郡共有五百多個葡萄園和酒莊，大部分都是小莊園，這是上世紀六七八十年代不少律師、醫生和專業人士投資經營的結果。當初歐洲人視美國葡萄酒如無物，今天美國酒已活躍於世界飲食舞台。

上世紀末，被譽為地中海"液體黃金"的橄欖油，以開拓葡萄酒相類的潮流在加州醞釀。短短二十年間加州有了四百多家橄欖園，絕大多數像 Talcott 一樣，夫妻檔或小家庭式經營。

Talcott 橄欖園一角，大樹為百年老橄欖樹，背景為五六年的新樹。

美國人有開拓精神而無傳統包袱，地中海橄欖樹由西班牙傳教士帶來新大陸，只不過是十八世紀中葉的事。歐洲講究原土正種，加州的橄欖園則與大學農學院合作研究，發展混種培植，生產適合加州氣候環境的新品種。

現代美國文化另一特色是同行競爭雖激烈，但權益當前十分團結。自橄欖業興起，1992 年加州橄欖協會就已成立，現有近四百會員。團結的力量不容輕視，在協會的推動和爭取下，聯邦對橄欖油的規管法律已於年前生效，如今在美國出售的橄欖油，標籤必須符合質量標準。換言之，沒有認證標準的外國產品將會過不了美國的關。這是另一種保護主義，但有助美國本土橄欖業的健康發展。

我家附近的高級超市早已有一個"橄欖吧"，二十多種加州橄欖任君選擇。那天我們到酒鄉的美食店，架上的本土橄欖油有數十種之多，價錢全都在歐洲進口貨之上。

美國橄欖油在今天的世界產量上微不足道，然而，看 Talcott 夫妻的故事，誰敢說將來美國橄欖油不能佔世界一席位？

加州有四百多個橄欖園的故事，這是其中一個故事的開始。

納帕酒鄉試酒品釀

我家離納帕谷（Napa Valley）45分鐘車程，接鄰是索諾瑪Sonoma，往北是俄羅斯河（Russian River）的阿歷山大谷（Alexander Valley），都是全美最著名的葡萄酒區。有朋自遠方來，我常駕車陪往遊玩。此區有近五百多個大大小小的葡萄園和酒莊，也有不少餐飲名店，郊遊試酒，品嚐佳味，正是招待酒客饞友不二之選。

近年不時有朋友自加拿大和美東到訪，更有香港遠道而來的，都是參加兒女子姪在酒鄉舉行的婚禮。酒莊婚禮近年流行至亞裔圈，前年我還有朋友在山上一個美麗的葡萄莊園慶祝金婚，頗為浪漫。

每年總有好幾撥朋友來訪，有往酒鄉參加婚禮的，有旅行遊玩的，可惜我工作甚忙，夏天都不在加州。美國就是交通不便，我不能開車相陪，友人等於無腿，行不得也，後來我就為他們找酒鄉一日遊的試酒團。他們清早從三藩市的酒店乘"噹噹車"（市內的纜車）去集合地點出發，到酒鄉的車程約一小時，行經地標金門橋，北上索諾瑪。最近有朋友一天去了四個酒莊，中午在一個葡萄園野餐，餐費和試酒額外付費。回程繞道海濱藝術小鎮索素里圖Sausalito，改乘渡船，順道遊覽金門灣再回三藩市。朋友頗為滿意，連餐費、試酒和小費，每人花費在一百美元之譜。

這種試酒團去的都是較大眾化的酒莊,認真的酒友若想更上一層樓,可以選擇高級一點的"愛酒士之旅",Wine Lovers' Tour,去的都是名酒莊。再豪華自由些?包一輛豪華迎賓車,甚至是內設有酒吧的特長林肯,每小時六十至八十元。對於愛酒士來說,在加州陽光下,溪山美景中,逍遙品酒,也頗值得。

十多年前,加州試酒大多是免費的,有些酒莊還贈送精美紀念酒杯。現在再也難彈此調,酒莊大都收費,而且不算便宜。試酒一般是三種酒為一排(Wine flight),但每種只給你半安士左右,例如最熱門的 Robert Mondavi,試普通酒二十五元,特級名釀五十五元。最近陪朋友去了 Louis St. Martin,這是我過去較喜歡去的酒莊,以前一排的組合通常是剛入瓶的、五年和十五年以上的同一種酒;如今收費倍增,陳釀欠奉。又例如香港酒友熟悉的 Opus One,參觀須預約,試酒費四十元,那是一滿杯,通常是三年前的酒。Opus One 是美國頂級酒莊,四十元試一杯,是否值得視乎你怎樣看,但他們容許一杯酒多人品試。

若然只為試酒，其實不一定要遠道去酒鄉。以賣酒為主的小食式（tapas）餐廳近年在美國十分流行，新興是品酒配菜。餐廳的酒單加了十多二十排品酒組合，一排三小杯，每杯兩安士，由十數元至五六十元，視乎組合內的酒屬於甚麼級數。酒單列有各酒的特色說明，餐單上每種菜式有推薦配合的排酒。一頓晚飯可以品試很多不同品牌和不同的葡萄酒，另添一番意趣；對於不精於選酒的食客就相當有教育性。

大城市都有這種品酒餐廳，我家附近的小城胡桃溪也有兩家。享受輕食晚餐，試五六種酒，我喜歡從中選擇口味與價錢合適的，之後到酒舖購買。這比到酒鄉試酒划算得多，當然就是缺了酒莊試酒的風情，但勝在鄰近，也不錯！

納帕谷酒莊 Clos Pagase 的試酒室。

名店 "生仔" 有潮流

不只一次，香港饞友欲訂加州酒鄉納帕谷名店法國洗衣館（French Laundry）都失望而歸，特別是大桌或包房，提早兩三月也告滿。最近一次又是無法替友人訂到位，我建議去 Thomas Keller 的 "子店" Bouchon，也是天天滿座，訂到的晚餐是三星期後，還是晚上十一時的一輪！

有一回朋友只是幾天前說要來，當然無法訂到酒鄉那幾家名店，最後決定去芥茉（Mustard）。這是一家便餐式的餐廳，名菜是兩吋厚嫩豬扒和精選的酒譜。這家餐廳早兩星期訂座都是無望，我們未到五時就到餐廳登記，若有人取消訂座作候補，幸運地如願了。臨時候補是我常用的策略，酒鄉幾家名店訂座難，提前一兩個月也未必訂到，除非是晚上十時後的一輪。我喜隨遇而安，興之所至，五時多到店候補。納帕谷偏遠，很少人像我這樣不訂座而臨時去候補，好幾次都能如願。二十年前我第一次到法國洗衣館也是這樣候補吃成的。

提起法國洗衣館，坐落納帕谷的楊維爾鎮（Yountville），是全美排榜十名之內的法國餐廳，因為原址是一家洗衣館，因以為名。老闆兼大廚 Thomas Keller 的名氣在全國絕對是屈指可數，現在楊維爾鎮簡直是他的天下。一里長的主街，除了 Bouchon，還有 Bouchon

糕點店，另一家便餐店 Ad Hoc 也屬他的！Bouchon 與法國洗衣館相距不到半里，價錢卻有天淵之別。後者是小餐廳 Bistro，若不點百元出頭的雜錦海鮮冷盤或五十元的鵝肝（五安士），餘者價錢實惠，幾道主菜都在三四十元之譜，超值之至，當然未計酒水稅金小費。過兩條街的 Ad Hoc 標榜家常菜，每晚只出一套餐，四道菜才五、六十元。Keller 已把生意擴展成一集團，紐約開了 Per Se，Bouchon 在拉斯維加斯和比華利山均有分店。香港有一家 Bouchon 法國餐廳，是另一位法國名廚 Jerome Billot，與 Keller 集團毫無關係。

我想起另一位朋友 Jackie Robert。詩人食家馬朗為我書《食樂有文化》作序時說：" …… 瑞卿坐在那裏，這一回等的是甚麼呢？是我的一位米昔林二星獎的法廚老友，特地在他波士頓的餐廳廚房，為她炮製一份他著名的燒鵝肝。" 那次我等的就是 Jackie，在當年波士頓三大法國餐廳之一，坐落一百五十年前市政廳歷史建築內的 Maison de Robert。J. Robert 十五歲出道，曾在巴黎米芝蓮名店美心和皇家大道習藝，追隨過甘乃迪的白宮御廚 Rene Verdon，後來在三藩市揚名。九十年代從三藩市回到家族經營的 Maison de Robert 作行政主廚，我每到波士頓必訪之。後來租約滿期名店結業。後來他在城中開了小餐廳 Petite Robert Bistro，大為成功，現在已有三家，成為波士頓老饕最熱門的蒲點。以前 Maison de Robert 多是上流社會或中老年客人，現在的 bistro 價廉實惠，老中青"通殺"。

這兩位廚師的動向反映了美國高級餐飲業一些趨勢，我戲稱為名廚"生仔"。Wolfgang Puck 不用說了，全國開了十五家大餐館，十數家便餐廳和酒吧，還有連鎖快餐店。我比較熟悉的三藩市，名廚 Michael Mina 開了 RN47 酒吧餐廳，邪門（Slanted Door）越華裔大廚 Charles Phan 開了三家不同名的餐店。

1. 坐落加州酒鄉納帕谷的名店 French Laundry，此小樓原為洗衣館，故以名之。 [1]

[2]

2. French Laundry 不到半里的 Bouchon，是同一老闆 Thomas Keller 所開的子店。

傳統名廚餐館價錢不低，食客通常要整齊正裝，當嬰兒潮世代的高級食客漸退，名廚放下身段開設便餐廳 Casual Dinning，更能吸引新一代食客，這些子店生意滔滔，可見是光明之路。名廚"生仔"正是潮流。

波士頓老饕熱門蒲點三家 Petite Robert Bistro 其中之一。

龍蝦，窮人的雞！

對着眼前這隻四十二磅的龍蝦，不禁想起一次饞友共聚吃龍蝦的樂事。很多年前好友軒利、天偉兩家人在加州舍下相聚，我們買到一隻市場少見的六磅多的大龍蝦，為此我更要特別再買一個大鍋。軒利提着兩鉗把龍蝦放進鍋裏，天偉在旁笑着頻呼"陰功"。當然，饞慾凌駕慈悲，龍蝦上桌一下子就給眾人消化掉。這也難怪，五六磅的大龍蝦其實吃下來只有一磅肉。

六磅多和眼前四十二磅的超級龍蝦，自是小巫見大巫，不過中看不中吃，這是波士頓科學館裏的龍蝦標本，美國歷史上捕得最大的龍蝦，1935 在新英格蘭海域捕得。一隻龍蝦要長五至七年才達一磅重，廿五磅的龍蝦可能在三十至七十五年之間；我們吃掉那隻六磅的有十多歲。

十七世紀最早登陸美洲的英國清教徒幾乎餓死，主要是不敢碰未見過的動植物，包括遍山的野火雞和滿海的龍蝦。當年一位名叫 John Winthrop 的殖民者寫信回歐洲老家，抱怨這兒沒有他慣吃的羊肉，只有英國人不吃的生蠔、三文魚、帶子和蜆。那時候北美東岸龍蝦極多，多到甚麼地步？偶有巨浪，龍蝦會被沖到岸邊堆成兩呎高，但沒有人敢捉來吃。後來美國人懂得吃龍蝦了，量多物賤，龍蝦被稱為"窮人的雞"，poor man's chicken。隨手可拾的

已故好友三藩市 Watergate 主廚
Walter Liang 昔年名菜 Boston Lobster
Martini。

東西，沒有人會經營買賣。

中國人甚麼年代開始吃龍蝦？這是一個有趣的問題，但在美國，十九世紀中葉龍蝦已經由窮人的廉價食料變為一般人的美食。 1804 年初緬因州開始運銷龍蝦到全國各地，第一批在 1842 年抵達芝加哥。十九世紀末緬因年產龍蝦一千三百萬噸，當時批發價每磅美金一角，零售十二仙；同期消費，咖啡每杯五仙，這就有所比較。

波士頓龍蝦並非產於波士頓，其實應該叫緬因龍蝦。這種大鉗龍蝦原稱北美洲龍蝦，北美洲東北以至加拿大東沿岸都有，由於緬因州產量多，又最先作商業採捕營運，所以在十九世紀已被定名為緬因龍蝦。我參觀過緬因海岸的龍蝦碼頭，豐收的蝦船泊岸，龍蝦之多歎為觀止。

美國東岸自波士頓北上，除了一些旅遊小鎮外，沿海大多數是小漁村，所產龍蝦都運銷外地，由於大量消費和國際集散都集中在波士頓，因而贏得波士頓龍蝦之名。近二十年波士頓海濱建了很多高尚住宅，現在只留下幾個碼頭仍有海鮮批發和零售店。美國人吃龍蝦只取其身，稱為龍蝦尾 lobster tail。不過大多數人都不知道，原來美國市場上的龍蝦尾，十居其九是佛羅里達州的有刺無鉗南美龍蝦，價錢比緬因龍蝦便宜得多。

以前波士頓的碼頭海鮮店把龍蝦焓熟，賣龍蝦尾，或拆肉作沙拉，蝦頭用膠袋裝好，每包一打只賣一兩元。十多年前每次差旅到此，我都會到碼頭買龍蝦頭，加上出爐法國麵包和啤酒，在海邊公園就可以享受一個下午。

另外，出差波士頓，很多時我們都住在海邊昆西市場旁邊的老酒店，二百多年歷史的著名蠔店、海鮮餐廳和酒吧均在腳下。盡情享受生蠔，手撕整隻龍蝦更不在話下。若為淡季，餐廳紛紛推出十五美元以下的全隻龍蝦餐，龍蝦熱狗也不外十元左右。龍蝦熱狗就是 lobster roll，新英格蘭名物，是用蛋黃醬拌龍蝦肉作餡的熱狗。配以本地啤酒，饞人能不樂哉？

剝殼後擠下檸檬汁，蘸融化牛油；
波士頓龍蝦的典型吃法。

愛吃肥膏的小龍蝦

有朋友來訪，我總會陪他們到家旁的公園散步。我家門外有一條小溪，連接着幾個很小的池塘，黃昏時分，常會見孩子在垂釣。有一回我和來自南京的好友散步，見到孩子們有收穫，一陣歡呼，是一隻小龍蝦！朋友忽然緊張地說："叫孩子不要吃，很髒，會中毒！"我說放心，他們只是釣着玩，玩完就放回水裏。南京不是很流行吃小龍蝦嗎？怎會有毒？

原來那一年南京有十多人先後往急症室求診，經証實患上"橫紋肌肉溶解症"。同一時期華中不同地區也陸續發現相同病症；不約而同，病者發病前都食過小龍蝦。此乃急症，輕者全身肌肉酸痛，較重者呼吸也困難，嚴重者腎功能受損。小龍蝦恐慌掀起，江蘇當局展開調查，結果認為養殖業完全符合衛生安全標準，問題出在售賣過程中。

小龍蝦生於水底泥沼，身沾髒泥，原來有不良商家用"洗蝦粉"泡洗。洗蝦粉是腐蝕性的化學劑，清洗後的小龍蝦乾淨亮麗，賣相甚佳，但已半死不活。人吃了殘餘的洗蝦粉就會有這種嚴重的病。水產專家教消費者鑒別，潔淨光潤，但螯和爪輕易脫落的，很大可能泡過洗蝦粉。小龍蝦真冤枉，那又是已經見怪不怪的食品安全問題所致。

淡水龍蝦，crayfish，又稱 crawfish，中國叫螯蝦、蝲蛄、麻小兒等等。小龍蝦與海龍蝦形似，所以俗稱小龍蝦，但兩者無論科屬都完全沒有關係。小龍蝦生於淡水，屬於螯蝦科，海龍蝦則屬龍蝦科；小龍蝦的鉗是螯，海龍蝦其實無螯，兩隻多肉的大鉗只是特別發達的一對爪。淡水龍蝦被稱為小也有誤導，此蝦有四百多種，大的品種可達六公斤。近年中國養殖的品種原產於美國路易斯安納州密西西比河口，上世紀五十年代日本最先引進養殖，八十年代江蘇從日本移養。

小龍蝦是路易斯安納州名物，產量為世界之首。最初路州人只用來製龍蝦湯，現在是新奧爾良遊客必嚐之風味。新奧爾良從前是法屬殖民地，飲食風格稱為奇津，Cajun，乃法式和黑奴帶來非洲式烹調的結合，特色是重用複雜的香料。新奧爾良的餐廳用網袋載着放到香料湯裏煤（焓），把味淡而略帶草腥的小龍蝦煮得香辣惹味，讓人吃不停口。中國引進之後用川式風味炒麻辣小龍蝦，異曲同工。

即使沒有洗蝦粉，吃小龍蝦還是要小心的。牠的蝦青素比其他蝦類高，抗污力強，可以在高污染的水質環境生存；食用小龍蝦是否有問題，視乎蝦之出處與環境。有好幾年我經常到加州太浩湖

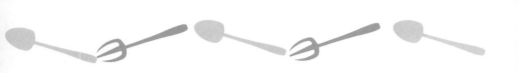

遊玩，釣龍蝦是必然節目。

太浩湖在高山上，水清見底，那兒的小龍蝦絕無污染，可是近年小龍蝦卻污染太浩湖！因為小龍蝦繁殖太多，牠們排洩的廢物助長水藻的生長。過量水藻是淡水湖的大敵，水藻覆蓋水面，產生氣泡，水裏的氧氣大減，魚類會缺氧而死。專家估計太浩湖現有小龍蝦多達兩億隻，開始影響生態，湖邊淺水處也變得渾濁。

饞嘴人士可能有福了，太浩湖橫跨兩個州，內華達州野生動物管理局 2012 年中宣佈給漁民發牌，容許商業撈捕。加州仍有法例禁止買賣太浩湖捕撈的魚蝦，不過加州漁獵局亦已決議進行環保分析，再考慮是否跟隨內華達州，開放商業捕小龍蝦。

夏天到太浩湖，釣小龍蝦是好玩的活動之一，我頗在行。小龍蝦最愛吃甚麼？肥膏！牠們有習性，白天不見影，薄暮時出動。我準備一個有柄小鍋，用繩繫一塊肥膏放進湖邊石頭堆的水裏，一會兒龍蝦嗅味游來，不客氣地抓着肥膏大快朵頤。龍蝦在水裏鉗着肥膏不放，但甫離水即鬆脫，

此時必須快手提起繩，另一
手拿鍋來撈。

太浩湖有幾個岸點，釣龍蝦
很少失手，半小時收穫數
十隻，實屬平常。我帶備氣
爐、小鍋、山葵醬和豉油，
現撈現煮，極妙！

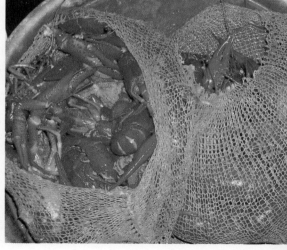

1

2

1. 形似海龍蝦的淡水螯蝦。

2. 新奧爾良的餐廳用網袋載着小龍蝦放
   到奇津香料湯裏焓，香辣惹味。

中國老饕張嘴，美國漁民大樂！

這兩年加州蟹季大豐收，特別便宜，價格曾低至三元一磅，乃多年未見的價錢。加州產的是鄧津蟹（Dungeness crab，有譯作珍寶蟹），是美國西岸太平洋特產，別處所無。加州、俄勒崗州、華盛頓州、加拿大溫哥華以至阿拉斯加都有，其中產量最豐為俄勒崗州，味道最好的要數阿拉斯加。鄧津蟹之名源於華盛頓州的鄧津尼斯鎮，那是第一個開始商業性捕撈大蟹的地方，只是風頭最近都給俄勒崗州搶了，俄勒崗州出口鄧津蟹世界聞名，2009 年更立法把鄧津蟹定為代表州的甲殼動物。

鄧津蟹個頭甚大，等閒兩磅多重，蟹身最少七八吋，大的可達十吋。我購買時會請店員揀最大和最重手的，一隻經常超過三磅，少有的四磅也買過。鄧津蟹肉多而嫩，連蟹爪都十分豐滿，鮮甜雖稍遜香港海紅蟹，但另有一番清味。這種蟹拆肉作菜或拌沙律甚佳，煎蟹餅一流，廣式薑葱、椒鹽或避風塘炒蟹無不美味。可惜就是沒有黃膏，因為法例禁捕母蟹。我喜膏脂，最愛吃蟹蓋，但鄧津蟹的蓋卻無甚吸引，其膏近於流質，且有腥味。

三藩市附近海岸鄧津蟹產量頗豐，上世紀六十年代以前很多意大利裔漁民就是靠捕蟹為生，漁人碼頭原是集散和銷售地。漁人碼頭早已成為遊客區，但鄧津蟹仍是賣點。那兒的海鮮檔排滿巨蟹，色相甚是誘人，不過好些外地朋友吃過都說：“肉厚，但有腥味，無甚可取！”蟹真冤枉，無甚可取的是他們的烹製方法。美國人其實不太懂吃蟹，除了蟹肉沙律、蟹餅和蟹湯，一般只是白煤（焓）。漁人碼頭每個海鮮攤檔都有一個高及人肩的圓桶型大水鍋，水不斷燒，蟹不洗不刷就放進鍋裏煤。衛生沒有問題，但一百幾十隻蟹先後放進去，那鍋水焉能不腥？腥味又焉能不滲進蟹裏？

椒鹽鄧津蟹是三藩市中國菜館的招牌菜之一。

有朋友自遠方來，若逢蟹季，我定饗以鄧津大蟹，因為在香港或國內都吃不到；或到廣東菜館，要不就自己下廚。一直奇怪這異品好像未見進口香港，但以後就難說了。《華爾街日報》曾經報導，鄧津蟹被評"可持續海產"，近年歐洲和亞洲買手（主要是中國買手）都來大量採購，而且是跑到漁港直接買貨。近幾年蟹季雖然大豐收，仍未能滿足出口訂單，俄勒崗州碼頭的批發價由每磅 1.6 元跳升至 4 元。

捕蟹的漁民樂了，以前供過於求，蟹多是賣給當地工廠加工成各種蟹肉食品。工廠把價錢壓得很低，但自從有了海外銷路，工廠就不能壓價了。俄勒崗州近年平均年產量約 2000萬磅，一艘大型捕蟹船豐收季可以捕撈到 25 萬磅，價值可達 50 萬美元。捕蟹船水手時薪高達 200 元，高峰期工資更可能是十倍以上，不過他們全年的主要收入就只靠幾個月的蟹季。

鄧津蟹大量出口中國，連《華爾街日報》都有報導，可能有些美國人又有話說，中國崛起，會把美國海岸的螃蟹吃光！

現實上最大的可能是，雖然身在加州，以後我要食貴蟹了。

蟹湯還分 She 或 He？

出差美東，到了維珍尼亞州著名的 "殖民地威廉斯堡"（Colonial Williamsburg）。這兒整個城鎮是一個歷史博物館，保留了八十多座十七、十八世紀的古建築，房舍商舖都維持二三百年前英國殖民地時代的城鎮風貌。歷史比美國建國還要早八十多年的威廉·瑪莉大學也在這裏。歷史區內有穿着古裝的博物館講解員在各商店、作坊和古建築當值，無論遊客是否有心聽講，他們都扮演迫真，態度誠懇，絕不穿幫。近四百博物館員工的皮鞋皮靴，都是在有二百多年歷史的鞋匠作坊逐雙手造的，專業認真，讓人讚歎。

威廉斯堡距華盛頓以南一個半小時車程，連同接鄰的詹姆斯鎮和約克鎮，稱為美國 "歷史三鎮"。很多人都知道英國殖民者 1620 年乘 "五月花" 號登陸現今麻薩諸塞州的撲茨茅斯港，其實英國人最早登陸北美的地方是詹姆斯鎮，那是在 1607 年。此地是首都周邊的熱門旅遊點，每天有不少美國人來度假與尋根。

我是舊地重遊，這次下榻的旅館就在歷史區旁邊，放下行李第一件事就是往尋年前曾光顧的那家餐廳，目標明確，品嚐本地特色的 She Crab Soup，即母蟹湯。

蟹湯還分 She 或 He？對不起，只有 She，未見過 He！She Crab

Soup 是用成年雌蟹，廣東人稱之"蟹乸"作材料的湯，除了東部馬利蘭、維珍尼亞和北卡羅連納幾個沿海州有，在美國其地方是吃不到的。

威廉斯堡的商業區頗小，大小餐廳商店加起來也只不過二十家。我"返尋味"的這一家算是全鎮最出名，眾所公認最好的餐廳，本地人和遊客都光顧，如果訂不到位，只能五六點就去。第一次找到這餐廳就是本地人推薦的，多年後重訪，母蟹湯和味如昔，且適逢蟹季，配馬利蘭式煎蟹餅，當時得令。第二晚還是忍不住再去，母蟹湯配焗波士頓龍蝦，又是大快朵頤。母蟹湯稠度適中，稍輕薄於周打湯。湯色粉紅，浮着碧綠的碎洋芫茜，上桌時侍者給你灑上幾滴雪利酒，賣相很美。湯質軟滑如絲，味濃而鮮，夾雜細碎配料，還有蟹肉小塊，味道豐富複雜。

這種母蟹湯聽說是在北卡羅連納州查爾斯敦市發明的，有一個緣起故事。追溯至二十世紀初，查爾斯敦的市長列特（Goodwyn Rhett）與當時美國第廿七任總統塔夫特（Howard Taft）乃好友，總統曾多次到訪。市長是位老饕，家廚出名秘製蟹肉湯，總統每來必饗之。一次總統又來了，市長想變

美國"歷史三鎮"中的威廉斯堡。

點花樣，看到湯色灰灰白白，叫廚師想辦法變變色相。廚師靈機一動，在湯裏加入橙紅色的鮮蟹子，這一來不但湯色更美，味道也更濃郁，質感更豐富。市長於是稱之為 She Crab Soup，從此聞名遠近，其他餐廳紛紛仿效。時至今日，大廚師都各有獨家的母蟹湯譜。

多年前我買過一本精美的洋湯譜，想在家烹製母蟹湯。蟹肉、蟹子、大蒜、西芹、小洋葱、洋芫茜、荳蔻、雞蛋、忌廉、牛油、唸汁⋯⋯一看作料繁多就放棄了，況且加州並不常買到東岸藍蟹。不過有大廚老友告訴我，現在餐廳供應的母蟹湯其實大多沒有加入蟹子，粉紅色因為有蛋黃，所用的蟹肉也未必取自母蟹。

母蟹湯浮着碎洋芫茜，上桌時灑下雪利酒，色香味全。

母蟹湯是車薩碧灣（Chesapeake Bay）地區的招牌湯，這是因為地利，近海得食。車薩碧灣是美國東部最大的河海交匯海灣，盛產生蠔和藍蟹；尤其為藍蟹，產量極豐。藍蟹有點像香港的三點花蟹，食味也相似。蟹同樣是灰藍色，只是殼上沒有三點，肉質比三點蟹粗實。捕蟹是車薩碧灣的主要水產業，上世紀九十年代初曾經打破年產一億四千萬磅的紀錄，高峰期佔有美國活蟹和冷凍蟹肉市場百分之四十。由於採捕過甚加上天然因素，曾有數年產量大跌；踏入本世紀，年產量約在五千萬磅之譜。

美國大部分地方禁捕母蟹，車薩碧灣雖有限制，但仍可採捕，蟹季時市場有售，食肆也供應。在加州，不要說懷子母蟹，凡雌蟹都捉不得，否則犯法。所以加州餐廳沒有母蟹湯。

我曾到過加州蟹船集散的碼頭，蟹船運上岸的全是雄蟹，因為漁夫在收籠時已經把雌蟹放回海裏。車薩碧灣可捕雌蟹，漁夫在船上就要把蟹分類。漁夫暱稱雄蟹為占美（Jimmies），"未成年"雌蟹暱稱莎莉（Sallies），母蟹暱稱為 sooks，此字在英美比較少見，是懦弱膽小鬼的意思。蟹姆為何被標籤為懦弱膽小，不得而知，這是車薩碧灣蟹業的傳統叫法。

加州黃金大海膽

人說第一個吃螃蟹的人十分勇敢，我說第一個吃海膽的人才最大膽。我見過海邊淺水處佈滿黑茸茸的海膽，感覺真有點汗毛直豎。第一個拾起這長滿黑刺的怪物，敢嚐那滑溜溜的內容物，就不怕有毒？即使今時今日，不少美國朋友聽我說愛吃海膽，仍會露出不可思議的神情。這也難怪，五十年前加州人視海膽為海中"害蟲"，因為繁殖過盛，幾乎吃光太平洋海岸的巨藻，海藻業者要僱用千計的潛水人用鎚子大舉殲滅，場面大抵非常悲壯。

曾幾何時，海膽採捕業成了今天加州漁業重要的部分。在加州，識途老馬的康樂漁獵者都能找到海膽密集的海灘，但相信比起五十年前的豐盛景象，只是小巫見大巫。每到採鮑魚季節，我有幾位朋友去捕鮑，很多時"順手"會給我拾些海膽回來。加州出產的紅海膽個頭甚大，不算刺針，殼身等閒都有五六吋。

加州海膽個頭夠大，針刺粗長，但殼薄而脆，很容易處理。把海膽反轉，撥開底部的刺針，用刀圈一個圓洞，像蓋子一挑就露出瓣瓣金黃的"膽卵"，用匙挑走當中的黑碎物，小心點就可以逐瓣取出來。剛取出來的海膽作刺身，鮮美無倫！

加州海邊隨手可拾的紅海膽，個頭等閒五六吋。

海膽於我還有些獨特回憶，因為難忘被刺的痛！舊時馬料水車站外是海邊，火車路沒有圍欄，從火車站踏着路軌往沙田方向走不遠，山邊有一道小瀑布，下面是一個小石灘。七十年代初我在崇基唸一年級時，中大泳池還未建好，小石灘就是泳隊練水的所在。水漲時還好，退潮時要在淺水灘走一段距離，水才夠深，始能游泳。赤腳下水常有"意外"，突然腳底痛得發麻，驚叫一聲，隊友攙扶提起腳來，腳板吊着一隻小海膽！教練韓老師已慣於替我們拔刺塗葯。痛苦一陣，還是要下水去。當年泳隊的隊友對海膽真是又怕又恨。事隔三十多年，聽食神韜哥介紹，始知那可能不是海膽，個子很小，應該叫海刺。

畢業以後，第一次在西貢海邊一家飯店吃海膽，這才知道原來刺我腳者乃人間美味。自此我就常去那家店吃海膽煎蛋。

移居加州之初，週末我經常到三藩市南邊的半月灣遊玩，十多年前那兒有幾家漁店，那時可以買到藍鰭金槍魚，又有潛水者兜售大鮑魚。漁店的海膽只售一元半，大抵日本老饕來得多，店家會替你開殼，把膽卵挑出用紙碗盛着，櫃枱邊有辣椒和醬油，刺身即食！

從海邊拾採回來的巨型海膽，鮮明亮透，肯定是"加州黃金"。

我極嗜海膽，經常從日本店或韓國店買回家，大而肥美，而且比香港便宜得多。不過論到新鮮，當然就是自己去海邊拾採或朋友"順手"送我的巨型海膽了。

美國東西兩岸都有大量海膽，我很少在外地吃，但據說還是加州的最佳。美國是日本海膽市場最大的進口國。在日本，論名貴，首選是本國品種如白海膽、北海道馬糞海膽，之後就要數進口的美國海膽了，價錢也比一般本地海膽貴。加州海膽中，日本人又認為南加州洛杉磯地區所產最佳，進口最多。

以前美國人不吃海膽，根本不懂，只有法國餐廳和日本餐館有供應。隨着近二三十年日本魚生在美國大行其道，懂得吃和愛上吃海膽的人就多了。以前採捕海膽在漁業中並非重要作業，後來發現可以賺日本人的錢，海膽採捕業興起，發展極速，上世紀九十年代已經超越了魷魚採捕業，目前加州有五百個持牌的商業潛水採捕人。加州海膽百分之七十出口日本，但要與南美、非洲、中國、韓國競爭。美國人在進攻市場方面很懂得團結，為了保持加州海膽的高質優勢，組成了加州海膽業委員會。這是一個行業協會，訂出"最佳作業"的採捕方式或加工標準，增加消費者信心，近年還訂出四個評定海膽的標準，仿效牛肉分等，給加州海膽評級。

一，質感，要像奶油一樣滑，軟硬適中並帶有牛油的質感。

二，新鮮，要有海鹽和海洋的香氣。

三，色澤，金黃、黃或橙色，色澤要明亮。

四，味道，要鮮甜、清爽純淨。

根據四項標準，加州海膽分為三級：

第一級"加州黃金""California Gold"為最上品，頂級海膽除了符合四項標準，海膽卵的顏色必須是金、黃、橙色，色澤明亮，大塊而完整，塊與塊之間分離。

第二級"加州特級""Premium California"，顏色也是金、黃或橙色，與"加州黃金"的分別在於缺乏明亮，質感較硬，有果仁味，個頭較小，但海膽卵都是完整成塊而分離的。

第三級"加州精選""Select California"，味道和"加州特級"差不多，黃或橙中帶有棕，海膽卵基本仍是獨立成塊，但常常夾雜碎塊。這一級通常不用作魚生，多作加工食物、配料，或者與其他海鮮類混合。

我常吃的呢？海邊採拾當然揀最大的，肯定是"加州黃金"！

碧波・白浪・紅鮑

2011 年 4月，弟與弟媳自港來訪，我們相伴遊完美東、黃石公園以至猶他，最後回到加州，開車到北加州遊覽黃金海岸。我們的目標地是風景絕佳的貝勒克堡（Fort Bragg），第一天約了釣魚朋友捉鮑魚，第二天出海釣三文魚。結果三文魚毫無所獲，鮑魚卻是豐收，吾弟和下海的老友每人都捕得限量隻數，皆大歡喜。

那次我沒有下水，但採鮑魚我也有點經驗。有好幾年我時常跟友人去捕鮑，那年頭在捕鮑點的石灘淺水裏摸石頭即有所獲。近年石灘捕者太多，加州漁獵局也減少了很多合法捕鮑地點，採鮑愈來愈難。弟弟第一次捕鮑，要跟"鮑友"攀下陡峭石崖，徒手潛捕。我潛泳技術不佳，又怕冷，只作岸上觀。

採鮑最宜在大退潮的清晨，因為鮑魚夜伏近岸的石上，太陽升則風浪起，鮑魚就游到深水去。加州法律只許徒手潛捕，日上中天就難了。那夜我們凌晨兩點半從家裏出發，四小時車程到達目的地，在鎮上吃了早餐，吾弟與鮑友即下海去了。一小時許，各人分別捕得限量的三隻。我弟乃釣魚老手，但捕鮑則屬首次，樂極，即時拍照留念。鮑友還給我拾了幾隻大海膽，殼逾五吋。我攜回旅館作刺身，可惜不是季節，海膽大則大矣，水汪汪的，夭瘦。

倦遊回家，"大手筆"一次烹煮四隻巨鮑，三隻我弟所採，一為朋友相贈，每隻逾八吋，去殼後四隻淨肉共重七磅多。鮮鮑與乾鮑烹調方法有別，唯是雞和排骨預熬濃湯必備。處理大鮮鮑也要懂得竅門，這是先家翁傳下的絕妙辦法。鮑魚脫殼之前，最好原隻放在冰格十五分鐘，讓鮑魚進入半昏狀態，去殼時鮑肉才不會緊張收縮。取出鮑魚之後，再放回冰格十來分鐘，讓鮑肉鬆弛，取出腸臟，擦洗，汆水，處理乾淨。鮑魚內臟主要是一個相當大、薄膜包着墨綠色半液體的東西，應該是相當鮑魚的"胃"吧，綠色乃因鮑魚吸食海藻。那東西頗難看，我是丟棄的，但聽說韓國人視之為寶，用以熬粥。

這次帶吾弟採鮑的朋友菲力也善烹飪，他有自家創製的蒸鮑法，我用了一隻試蒸，不錯。他的方法是先切去底部的硬肉足、裙邊和粗皮，留作家常熬湯之用。鮑魚用鎚子輕鎚數下，整隻即變得鬆軟，然後切成約一分厚的薄片。另備淨雞肉切薄片，佛珍尼亞火腿切幼絲。雞片和鮑片分別用蛋白、少許蠔油、薑汁調味醃半小時，雞片放滾水中淥至七成熟撈起待冷。將雞片、鮑片和火腿混合，蒸三分鐘即成，果然和

吾弟手持勝利品大紅鮑，地上為"順手"拾得的大海膽。

味，是一道略為奢侈的家常菜。餘下三隻我仍以燜焗炮製。

我烹鮮鮑用燜燒鍋，勝在"燜"熟而保持鮑魚原味。把鮑魚放入預熬濃湯的燜燒鍋，慢火煮二十至三十分鐘，視乎鍋的大小和烹煮鮑魚隻數，之後熄火燜焗。兩三小時後，開火再慢煮十五分鐘，如法無火燜焗兩三小時。工序重複多少次，視乎鮑魚的肉質而定；竹籤能戳入，即已燜成，否則多一兩回。如果一次燜燒數隻鮑魚，則要用竹籤逐隻戳試。經驗告訴我，即使幾隻鮑魚大小一樣，肉質老嫩差別可以很大，大概與鮑魚的年齡有關。這是我自創的環保燜燒鮮鮑法，保證成功。燜燒鍋用熱水瓶原理，上爐火的時間短，靠鍋的保熱作用把鮑魚燜熟。鮮鮑比乾鮑味薄，但勝在鮮，肌理也遠不如乾鮑細密，若用乾鮑的炆煮方法，鮮鮑本身的味在炆煮時就流失到湯汁裏。要保鮮鮑的鮮味，我以為非燜燒鍋莫屬。

鮑魚燜好，切薄片排在大盤上，用少許原湯濃煮成汁掃勻鮑片，放回冰箱待冷，濃汁凝附，食味鮮美異常。這樣一隻大鮮鮑冷盤就可讓多人品嚐，而且肯定大家會意猶未盡。

北美有八種鮑魚：紅鮑、桃紅鮑、黑鮑、綠鮑、螺旋鮑、白加州大紅鮑，殼呈深紅，殼邊圍繞紅線；
捕捉之後要立刻繫上特製的紀錄條。

鮑、甘察卡鮑和扁鮑，唯老饕公
認以中北加州的紅鮑最美。翻查漁
獵資料，總恨吾生也晚，幾十年前加州海邊滿佈鮑魚海膽，隨手
可拾。加州漁人十九世紀已經開始商業性採捕鮑魚，上世紀六十
年代高峰時期每年捕得 2000 噸，九十年代中降到 150 噸以下，現
在已禁止商業採捕，個人康樂採捕管制也非常嚴格。

鮑魚在美國是高價海鮮，但遠不及亞洲矜貴。九十年代初加州尚
未禁售，我在半月灣經常購得大鮑，八九吋大的，七八十美元之
譜。後來亞洲市場需求日增，尤其運銷日本可圖大利，犯罪集團
用氣筒蛙人非法潛捕，把海岸的大小鮑魚幾乎掃光。九十年代中
漁獵局破了幾個大規模的不法集團，生態方始恢復。不過懂得康
樂採鮑的人愈來愈多，適逢假日大退潮，熱門地頭幾是人頭湧湧。

現行康樂漁獵法例限制每人每天採捕三隻，全年二十四，必須七
吋以上。如何計算和證明？採鮑者要購買漁獵局的紀錄卡，由代
理商號查核和在卡上登記身份，例如我弟用特區護照，採捕時和
運輸全程中，漁獵牌、紀錄卡和護照都要在身，執法人員有權隨
時檢查。紀錄卡有廿四格，捕鮑者離水即要填上每隻鮑魚捕獲的
日期、時間和地點，下半有廿四張印有卡號的防水小條，用以綁

陡崖之下，碧波中的捕鮑者。

在每隻鮑魚殼上；鮑魚九孔，綁條最方便。無論在舟車上或家中冰箱裏，直到烹煮之前鮑魚不能脫殼，否則違法！

以前一般美國人不懂吃鮑魚，我的白人鮑友用傳統方法，把鮑魚用鎚子鎚至扁平肉散後，煎鮑魚扒。鮑魚扒味很鮮美，但質感一塌糊塗怎似得原隻燜燒薄切作冷盤，與饞友分甘，或如菲力蒸法，樂享家常！

美國版鱸魚之思

我有一位釣魚朋友，經常到我家以北的沙加緬度河口（Sacramento River）釣鱸魚，若收穫豐富，有時會繞道舍下贈魚。好幾回他給我兩三條大魚，等閒每條四五磅。鮮魚難得，很多時我會轉送一尾孝敬住在附近的大學恩師羅教授，自家則清蒸，熬湯，炒球，香煎，視乎興之所至。

朋友釣的是大口鱸魚，他烹調的方法是拆肉，頭與骨熬湯再放魚肉作鱸魚羹或粥。他未涉獵古書中的鱸魚羹，但炮製方法與古人不謀而合，可見食理是有自然規律的。我提起古食譜和"蓴鱸之思"的故事，他頗驚訝。

"蓴鱸之思"典出西晉才子張翰，有傳世名詩："秋分起兮佳景時，吳江水兮鱸正肥。三千里兮家未歸，恨難得兮仰天悲。"就是這四句詩把蓴菜（今有寫作蒓菜）和鱸魚推上了文化和文學的殿堂。

曹魏末年，司馬氏篡魏自立為晉後，大封司馬氏族為王為爵。至晉惠帝時，諸王爭權奪勢演成亂局，歷史上稱為"八王之亂"。諸王中齊王得勢輔政的時候，張翰是朝上高官，眼見天下大亂，思量齊王將來也必無好下場。《晋書》記載張翰"因見秋風起，乃思吳中菰菜蓴羹、鱸魚膾，曰：'人生貴適忘，何能羈宦數千里以要名爵乎？'遂命駕而歸。"因為思念家鄉的蒓菜羹和鱸魚膾（肉細切為膾）而辭官歸故里，表面理由而已。

話說回來，蒓羹鱸膾顯然是當時的流行菜式，現在我們還能讀到北魏時期有關生產生活的"天書"《齊民要術》，當中有詳細的"膾魚蒓羹"食譜。因為張翰的故事和名句，"蒓鱸之思"成了歷代詩人詞家常用的典故，江南鱸魚也成為千載傳誦的美食。

時至今日，在以海鮮為主又種類繽紛的香港，無論是鹹水、鹹淡水或淡水的鱸魚都難佔重要地位，美國亦然，智利海鱸（Chilean sea bass）除外。智利海鱸是高級餐廳席上珍，比三文龍脷矜貴得多，普通食肆少有供應。這種魚中新貴冒起不到二十年，卻使美國成為全球最大的智利海鱸消費場。

有趣的是智利鱸魚根本不是鱸魚，也不產於智利。所謂智利鱸魚其實是一種叫小鱗犬牙南極魚（Patagonian toothfish）的南極深海魚，美國唐人譯作銀鱈。這種魚生長非常慢，壽命之長可達 40 年。自從成為高級餐廳席上珍後，智利海鱸遭過分捕撈幾至絕種。現在智利鱸魚受 1980 年四十多國簽署

釣友贈我的大口鱸，在加州沙加緬度河釣得。

的《南極海洋生物資源養護公約》保護，美國是起草成員國之一，中國亦於 2006 年加入。國際公約規定禁止使用傳統拖網捕撈，出售供應必須有嚴格認證。

老友大廚告訴我，美國對智利海鱸監管得特別嚴，他要光顧可靠的海鮮店，確保貨品有國際民間機構"海洋管理委員會"（MSC）認證。法律規定供應智利海鱸的餐廳，隨時要準備出示認證，否則會十分麻煩。

然而，在美國吃到的智利海鱸，不少是非法進口的。美國執法機關 2004 年在邁阿密破獲第一宗非法智利鱸魚貿易大案，查獲一家漁產公司以虛假標籤申報，把智利鱸魚當作其他沒有管制的魚，經新加坡進口五萬三千磅，零售市值三十二萬。當事人最後被定罪，由於他願與執法人員合作而被"輕判"緩刑四年，罰款四十萬，公司結業。隨後執法人員按他提供的線報緝獲十一個貨櫃箱非法進口的智利鱸魚，零售價高達三千五百萬美元。過去幾年，美國不斷破獲及起訴同類案件，主犯除判刑外，罰款每宗都以數十萬甚至超過百萬計，可見非法買賣利潤之高，有人甚至以之與毒品相比。

智利海鱸不是鱸魚，食味層次卻比真正的鱸魚優勝，尤其出於佳廚烹調，肉滑脂甘，魚味濃鮮。加州有白鱸、線鱸（stripe bass）和養殖的混種鱸。白鱸乃海魚，體型大，與黃花魚同屬，吃起來質感相似，但魚味遠遜黃花，我作比較的當然是野生黃花。線鱸，唐人稱為紐約盲鱔，到唐人街可以買到活魚，味鮮但薄，肉削，不為我所好。相較之下，反而混種養殖的加州鱸魚味不差，肉質軟滑，加上價錢相宜，是家常不錯之選。

釣友常贈我的大口鱸是淡水魚，小者兩三磅，大者十磅以上，肉質肉味每條不同，要碰運氣，有時清蒸非常鮮美嫩滑，有時香煎也嫌肉粗味淡。遇到肉質魚味皆美者，起肉炒球，片片幾近透明，始有元稹"鱸魚雪片肥"之意！

華人蝦寮・金山蝦米

金門灣畔一個小漁村遺址，三藩市過了金門橋往北十多分鐘車程就到了。那是一個以中國人的故事命名，風景佳絕的加州州立公園：「華人蝦寮」（China Camp State Park）。

1848 年，加州發現金礦，翌年，七百多中國人到來淘金。他們絕大多數替金礦主做粗苦工作，是美國第一批華工。金礦淘盡他們就去築鐵路，鐵路完工，數千名華工就無以謀生。他們當中有些去了美利堅河流域耕種，做了農民，一部分到罐頭廠、洗衣店、皮鞋廠、車衣廠，當了工人。另有一部分則發現海裏的蝦又大又多，於是從唐山購運蝦網回來，開始捕蝦和用中國傳統方法養蝦。

那是 1870 年代初的事了。當時美國西海岸滿佈蝦、蟹、鮑魚、海膽、墨魚 ……各種的魚。華工用美洲杉木造中國舢舨和帆船出海，用袋網撈蝦。蝦船回來，最大的蝦送到舊金山市場，中小的用鹽水煮熟曬乾，然後用中國打穀機改裝的機器輾去頭殼，放在粗細不同的篩盤上，抖動就會漏出不同大小的蝦乾蝦米。蝦乾蝦米運銷唐山，蝦殼蝦頭賣作肥田料或雞飼料。這種低成本、高效率、零浪費的作業和銷售方式，其智慧至今仍為參觀蝦寮村的美國人所驚訝和讚賞。

加州沿岸的蝦業就是這樣由華工開始的。他們來自廣東沿海，懂得捕漁撈蝦，在排華年代，做漁民雖然辛苦，卻也安居樂業。到了 1875 年，單是舊金山灣已有 26 個蝦寮村。可惜好景不長，意大利和葡萄牙移民也是懂海產的，發現了這海上寶藏之後，開始用勢力和透過政治來排擠華人漁民。意大利人到議會推動，終於加州在 1901 年禁止漁民蝦季捕魚撈蝦，1905 年禁止蝦乾蝦米出口外銷，1911 年禁用中國式袋網撈蝦和曬蝦乾。這些法律明顯都是針對華人蝦民獨有的作業方式和銷售而立，到 1915 年後才陸續解除。蝦民已經被趕絕了，只剩下三藩市北灣一個蝦村。

活的歷史遺址，加州州立公園"華人蝦寮"。

焙蝦米的磚爐，但蝦民認為論蝦
米質味，焙乾的遠不如曬乾的。

那就是現在"華人蝦寮"州立公園裏一個"活"的"遺址"。
1955年，牛仔明星尊榮還在這兒拍了一套電影《血巷》（Blood
Alley），蝦村漸為遊客所知。經過很多有心人的推動，州政
府保留了這唯一的蝦寮村遺址。 1870年，蝦寮村有76個蝦
民，全是男性。十年後增人口增至496，有了30個女人和
31個小孩子。 1880年代這兒的蝦民超過3000，另有7000
華人居於周邊，高峰時期一個蝦季生產超過一百萬磅蝦米。

遺址是"活"的，因為村裏今天還有最後的一位華人蝦民，
關文。

關文父母親的戀愛和婚姻在蝦寮村是一個傳奇故事。在排華
年代的1924年，白人混血少女Grace有一天到蝦村遊玩，
碰到關文的父親，一見鍾情。因為加州明令禁止華人與白
人通婚，他們就跑到內華達州結婚，後來生了四名子女。
Grace有一個中文名字，關歸里思。

關文已年過八十，單身，現在仍居於關家住了百年的小房
子，繼續經營他母親五十年代初開設的小店。那天我就在店
裏買咖啡，還與幫忙他週末掌店的表妹閒聊了好一會。

從陽光耀目的小碼頭走進篩蝦乾的作坊，眼睛要適應一會才看到那些蝦米篩盤，時空已穿越百年。再到那小小的陳列室，裏面有一艘放了蝦網的小舢舨，幾隻竹篸，堆高的灰白碎蝦皮……

金山蝦米，已經不是我們認識的事物了。

1

2

1. 篩蝦作坊，把蝦乾放在盤上，抖動就可以把大小不同的蝦米分類。
2. 幾隻竹篸，堆高的灰白碎蝦皮，告訴人們當年金山蝦米的故事。

加州名蔬話三 A

我的好友愛吃牛油果，其弟常常從加州捎回香港以解姐饞，她總是滿足地說："太好吃了。"那當然！

我說當然，指的是加州牛油果真好吃，此乃相對市面常見的墨西哥產品而言。Avocado，鱷梨，美國華人叫它做牛油果。能夠用"肥美"來形容的水果，相信世上也只有此物。熟得恰到好處的牛油果味道濃郁，軟滑如膏，質感似牛油，事實上它的果肉含 19% 的油，名副其實。

牛油果名鱷梨，其形似梨，皮有墨綠疙瘩似鱷魚，故而名之。牛油果長年有供應，最常用作沙律材料，是 43% 美國家庭的日常蔬果之一。我最愛的食譜是把牛油果開邊去核，放上蛋黃醬檸檬汁拌龍蝦肉或整隻熟蝦，配以稍甜的白葡萄酒，天作之合！

牛油果原產於墨西哥，十九世紀才傳入美國，現在加州有六千多家牛油果園，產量佔全國 90%，幾乎是獨家土產。說也奇怪，牛油果"移民"美國，同一品種也會比墨西哥原產的個頭大些，也真好吃些，價錢當然也就貴些了。

1. Avocado，"肥美"的牛油果配蛋黃醬拌蝦，簡單美味。

2. Artichoke，要選最美麗的上桌蔬菜，洋薊絕對豔壓群芳。

3. Asparagus，新鮮脆嫩的加州蘆筍。

1	
2	3

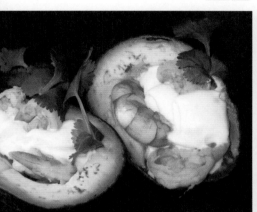

忽然想起，加州幾種特別著名的蔬果，湊巧英文名字都是 A 字排頭的。除了 avocado，還有蘆筍 asparagus 和洋薊 artichoke。

Asparagus 原產於地中海地區，遠自埃及和羅馬時代蘆筍已作食用。美國不少地方都有野生蘆筍，加州的種植是到十九世紀中才開始的，現在每年生產近十萬噸。美國唐人叫 asparagus 做梨筍，在中國的名字是蘆筍。有人解釋其形似蘆葦尖，也有說此蔬因似筍而得名，都很合理。至於說是蘆葦嫩芽，顯然不對，那大概是受了唐代張籍"江村行"詩句的影響："南塘水深蘆筍齊，下田種稻不作畦。"我們吃的蘆筍並不是生在水中的。實際上蘆筍在中國也有悠長的歷史，包括食用和藥用。

西餐的蘆筍多是白焓拌橄欖油作前菜，或者用來配搭主菜。我喜歡用廣東炒芥蘭的方法，吃出蘆筍的鮮味，又保持其脆嫩，用來炒牛肉更佳。

加州名蔬另一 A 是 artichoke，洋薊，台灣稱之為朝鮮薊，據說最初是由韓國傳入台灣，誤之為朝鮮特產。美國華僑譯音叫阿枝竹，若說洋薊，人家不知道你要買甚麼。

洋薊也是原產於歐洲的古老食用蔬菜，十九世紀初法國人才把它帶到路易斯安納州，同期的西班牙人也帶到加州。今天美國百分百的洋薊都在加州種植，當中 80% 產自蒙特瑞灣，就是矽谷以南著名的海濱風景區。春夏之交，那兒大小餐廳都有供應，沙律、醃漬、炸薊心，花款多得很，五月還有洋薊節。

洋薊的一般吃法是整個用水煮透軟熟，另以熱融牛油、蒜茸和鹽調製醬汁，吃時用手逐瓣剝下來蘸醬，只吃瓣根的厚肉。瓣剝盡，精華是薊心。洋薊味淡，蘸醬或醃酸才顯風味；質感頗特別，有絲兒澱粉感，能飽肚，但一球只有 25 卡路里，是十分健康的食品。

圓嘟嘟的洋薊其實是厚瓣花球，未烹煮前可要小心，每片尖都是針刺。懂得技巧的會先把洋薊打橫齊切，去掉瓣尖，焓熟後放上盤子真像一朵蓮花。要選最美麗的上桌蔬菜，此物絕對豔壓群芳。

像蓮花一樣美的焓熟洋薊。

假如這是松茸，多好！

工作、寫作，我經常要對着電腦密集苦幹，不時得起來舒展筋骨。除非出差，我每天總會到附近公園健步，運動兼讓綠野養養眼。讀過一篇文章，說加州春天處處可見一種野菇，初出是深黃小粒，漸變鵝黃圓球，菇傘盡開後大者四五吋；可吃，但不好吃。這季節常下毛毛雨，又有霧，健步時果真發現公園路旁，甚至鄰居屋前的草地都有這種蘑菇。

帶了相機去拍照，無意發現原來還有很多其他品種，我已拍了二十多種不同的野菇菌。兒時看過雨後春筍，野菇不遑多讓，長得真快。其中一種啡黑的小菇，今天才露幾點，第二天已經佈滿了一大片。

我拍了照片，上網查看是甚麼名堂，有沒有毒。這才知道加州有五百六十多種野生菌菇，連俄勒崗州和華盛頓州所產，超過三千種。野生菌菇約有 130 多種可以食用，當中包括我們常吃的冬菇、蠔菇、羊肚菌，連木耳和猴頭菌都有。野菌是美食，價錢昂貴，最貴的加州野菌 150 美元一磅，是一種與另一種有毒野菇很似的食用菇，十分美味，若非經驗豐富的專業採菇人，難以分辨。

加州我家附近公園裏的野菌。

公園內雖有無數野菌，我不敢試，專家說有些劇毒野菇，吃下必死無疑，沒法救。有些毒菌雖未致命，但中毒受苦之難捱，你會寧可死去。三藩市灣區每年都有食野菇出事的新聞，中毒的大部分是亞裔。筆者為文時新聞報導一家韓國人錯認了一種家鄉常見的菇，採食後全家中毒，其中一死，兩人急待換肝。

野菌老饕，最好九月到雲南。 2007 、 2008 兩年的初秋我都剛好出差雲南，工作結束後與友結伴包車遊山玩水，意外收穫是暢啖新鮮松茸。我旅行只定大概路線和歸期，怎樣走則與司機商量而定，沿途吃當地小店農家飯，晚宿隨遇而安。每到小鎮停憩，我會逐家小店巡視，走進廚房看有甚麼新鮮作料。這些農家小店，乾淨與否一目了然，廚房裏有新鮮野菜山菌，數量不多，都是每天向山民購來的。我也不知吃了多少未見過未聽過的野菜，而且只要店家說有松茸，我們就坐下來。我會親自到廚房揀料，要求清炒，免味精（這總惹來廚子錯愕的眼神），然後看着他們洗切烹炒，也是一樂。我們在不同的小鎮吃過好幾回松茸雞湯，不過一般要等半小時以上。小店都慣用高壓鍋，雞湯是即熬的。有時還是現殺的雞，更需時，我們就外出散散步，或者喝啤酒吃花生，無論如何都等！雲南新鮮松茸之爽滑與鮮甜，實在難以形容；鮮牛肝菌和雞油菌次之，也不錯。

一天兩頓飯，每餐松茸，吃足七八天不厭，我的美國朋友也吃上癮了。松茸價高，是其他菇菌的數倍計。山區農家都很老實，我揀好松茸，店家掂量一下說個價錢，最多不過一百人民幣。我們走過不同小鎮，洱源、沙溪、石鼓、石寶山、黎明……五六人每頓飯錢總在二百五十之譜，少有偏差，當中小半花在松茸上。

有一回我們在三江併流的黎明傈僳族村登千龜山，山路邊的樹縫和枯葉堆都不難找到野菇和靈芝。下山時碰到幾個採菇的山民，我和他們聊幾句，知道他們的收穫是賣給山下唯一的山貨店。當天我們就在這家山貨店兼營的小館子晚飯，吃了看着山民交來的新鮮松茸，又買了一公斤乾的。乾松茸香氣撲鼻，一公斤取價四百，後來到了昆明才知市價超過一千，只恨沒有多買。

回頭說加州，有一次偶經加州酒鄉納帕谷聖海崙娜，見一餐廳門外貼上餐單，以當造野菌標榜，於是停下一試。我吃的是炒鮮牛肚菌和雜菌寬麵，質感與味道極之豐富，配一杯招牌白葡萄酒，這是一頓不能再好的午餐。那天是到老遠的法院當翻譯，我當然不會虧待自己。後來和侍者聊起來，才知原來這家叫 Martini House 的餐廳是三藩市 Campton Place 前大廚 Todd Humphries 所開的；此君出名以野菌入饌，本身是採菇專家。他曾經寫過："自季節開始的第一天，我就有到樹林尋找美食的衝動。從納帕谷到加州海岸，我記住前一年採過的地點，就在那兒看到了秋天第一朵 porcini 牛肝菌。十二月初，Matsutake 冬菇仍躲在地下等待出土露臉。冬意漸濃，白松露菌、蜜傘菇、黑蠔菇、刺蝟菌……它們使我的餐單與眾不同，而我還在等待春之到臨……"

近在咫尺，我家附近可能就有他說的美味野菇菌，可惜我非 Todd Humphries，不敢以命試菇。看着剛拍回來的照片，那些吹彈得破的黃色野菇……假如是松茸，多好！

雲南黎明傈傈族村民在山上採得松茸，賣給山下小店。

蔬食美酒新潮流

第一次看到 Faux Gras 這個新名詞，還以為美國也出現作假的食物安全標籤。Faux 是假的意思，GRAS 是 General Recognized As Safe（一般確認為安全）的縮寫，乃美國聯邦食物及藥品管理局（FDA）對食品添加劑的安全認證標準。食品有 GRAS 標籤，表示內含一些根據科學已被普遍認定對人體安全無害的添加劑；這些添加物質毋須經食物及藥品管理局批准即可使用。

Faux Gras 並非假的食品安全檢籤，而是假的肝，Gras 是法文的肝。假肝實在有點嚇人，其實應該說是素肝，與我們齋舖的素雞、素鵝、齋叉燒、齋鮑魚，性質一樣。不過，齋叉燒、齋鮑魚、齋滷味這等名詞，一向也有爭議。佛教中人一派認為既然不殺生而茹素，應該齋口齋心，腐皮就是腐皮，麵筋就是麵筋；把齋菜冠以葷菜名，乃為雜念。今天的佛教僧侶和教徒大多數已不太講究齋菜葷名了。美國人素食並非從宗教信仰而來，素肉或"假"肝從來未有過這樣的爭議。

據調查，目前美國人口中 3% 為素食者，趨勢還在大量增加。過去美國人的素食就是非肉類的蔬菜果品，以沙律、菇菌和麵食之類天然素蔬為主，有些素食者會吃魚。現在，人

仿得迫真的素食炒牛肉和火腿片。

工仿肉的素食品漸成熱門潮流，坊間開始有不少《給食肉獸的仿肉指南》之類的飲食書和報刊專題文章。

不讀報不知道，潮流熱門是素漢堡牛肉扒，據報導，我常光顧那家 TJ 美食超市的產品最為價廉物美。平日我沒留意，讀報之後到超市時好奇找找，始發覺"假"肉產品何只漢堡牛肉？火腿、香腸、肉餅、雞胸、牛扒，放滿一牆"凍肉"陳列架。各式各樣的"肉食"有不同牌子的選擇，名稱都頗為創意吸引，例如 Original Garden Burger，Tempethtation（蔬菜造的仿 BBQ 燒烤肉），Field Roast 等等。我買了素漢堡扒和仿牛肉，後者稱為 Beef-Less，肉柳幾可以亂真。

可以亂真的素漢堡牛肉扒，據云最受歡迎的產品，我用薯仔和紅蘿蔔作料，味道還可，唯是有點怪，看包裝才知加了咖啡及茴香味。一塊十安士賣兩元半，不算貴，但也不比真的漢堡便宜很多。另一個農場牌子的素漢堡，聽說味道十足似牛肉，用上很多香料和蒜頭，十二安士一塊賣五元多，價比真肉。（作者註：這是 2010 年的價錢）

素食漸成潮流，原來加州酒鄉納帕谷有不少釀酒師是素食者。酒肉酒肉，酒與肉常常不能分開，不吃肉的釀酒師，能釀出配搭魚肉佳餚的美酒嗎？近期 Sierra Club 會刊以素食為題訪問了幾位名廚和釀酒師。他們認為釀酒師茹素完全不影響專業，更認為素食者對細緻的食味有更敏感的味蕾觸覺。名廚們都表示葡萄酒配素食可以無限創意。傳統用以配烤焗肉類的酒，用來配烤焗根類蔬食作料也很完美，配菇菌類常是天作之合，例如 portobello（大冬菇）煎起來食味不下於煎肉，與皮諾奈（Pinot Noir）紅酒是絕配。皮諾奈配炸薯條也是一絕，如果在炸薯條上灑少許松露菌油就更超凡了。波千尼乾菇和烤雜菇味厚，加入梅露（Merlot）紅酒和蕃茄醬，熬成的湯底不比牛肉湯差。香檳和汽酒與大多素食菜式相配⋯⋯

據說納帕谷的餐飲業已經興起媲美魚肉的素菜配酒餐單。一位釀酒師的晚宴素食餐單，十分讓人豔羨：烤蕃茄湯，煎素蔬加野莓甜品。全美著名的法國洗衣館餐廳（French Laundry），訂座時預先說明，大廚可以為閣下設計一頓與葷菜一樣美好的大廚試菜晚餐。

在美國，素食者在普通西餐館進餐不成問題，沙律、菇菌、蔬菜粉麵不缺；他們不是因信教而素食，不會計較燒菜的鍋是否同時燒葷。中國人則不同，佛門僧尼和虔誠教徒不能沾半點葷味，故而唐人街有全素的素食菜館，我一些素食洋友視為飲食樂園，驚訝廚師能炮製出一百數十道不同風味的素菜。潮流看來，高級西餐純素菜館的出現可能為期不遠了。

中國人食齋大多是信奉佛教，不殺生，美國人茹素則以健康和崇尚綠色生活為主。這使我想起清代最會享受人生的李漁，他說過："吾為飲食之道，膾（細切之肉）不如肉，肉不如蔬，亦以其漸近自然也。草衣木食，上古之風。人能疏遠肥膩，食蔬蕨而甘之，腹中菜園，不使羊來踏破，是猶作羲皇之民，唐虞之腹，與崇尚古玩同一致也。"

時髦的綠色素食哲學，中國原來是老祖宗。

中國菜的典型素雜錦。

肥豬腩，出頭有日！

有一回請朋友到相熟的西菜館晚餐，我很早就先到，走進廚房與大廚打招呼。大廚是好朋友，熟絡到我可以隨時進入廚房，這是天大的"面子"。入廚的好處是時有意外口福，"幫忙"試菜，或許向廚師學一招半式，總之是樂事。當然，這不能在最緊張的出餐時段。

那次剛踏進廚房，已然肉香撲鼻，只見大廚師剛從炭烤爐裏取出一大盤肉，盤中油脂還滾爆得滋滋作響。一看，顫騰騰一整塊五花腩，寬長盈呎。大廚用刀割下一小塊，放在碟上讓我嚐。入口酥軟，脂甘肉嫩，幾乎溶在嘴裏。大廚、二廚、幫廚都吃了。濃烈的色香誘人，誰不饞？我問："這是廚房今晚的伙食？"非也，是餐單上的主菜，當晚已有客人預訂。

美國人不是講究健康，顧忌脂肪嗎？"No! Pork Belly is in！"大廚說。肥豬腩，潮流所在。近來名店潮館都有豬腩餐單，幾乎無處不在。例如三藩市 Gary Danko 的主菜必有肥豬腩，Michael Mina 每晚有 Fatty Pigs 餐譜，據聞圓蹄（當然不是中菜紅燒圓蹄）甚受歡迎。老牌法國餐廳 La Folie 的招牌菜有 Confit of Kurabuta Pork Belly（鹽脂封醃日本黑豬腩）。

吾友食家 George Helpern 手起刀落，
切割親手烹製的法國黑豬肥腩。

那夜飽嚐一頓之後，廚師送出店前，遞上一小盒，原來贈我肥豬腩回家享用。

我的食家老友法國教授醫生 George Halpern 經常批評美國餐廳豬肉菜餚瘦得要命，現在豬腩成為潮菜，必然喜甚。有一次他在家下廚饗我，前菜是私房秘製鵝肝醬，主菜是特別從法國訂購空運的整塊黑豬腩，他親自調配香料烤焗。黑豬五花腩的甘香滋味，非筆墨所能形容。George 在香港理工大學當訪問學人，待他回美，我已想好用甚麼回報──鑊底燒肉肥豬腩。

"鑊底燒肉"記於特級校對《食經》，乃廣東靈山縣人的家常飯菜。方法是以醬油和鹽醃肉，再用蜜糖塗勻備用。用鐵鑊放清水生米煮飯，至飯水將乾未乾之時，撥開米飯，把整塊豬肉以皮向下放在鑊中心，蓋以湯碗，然後撥回米飯圍着湯碗，罩上鑊蓋慢火燒焗，分次酌量加熱水以免焦燶。白飯熟透，去碗取出燒肉，皮脆肉鮮，與燒味店的燒肉無二致。我編註《食經》時讀得此譜，認為當屬傳聞而已：這樣做出來的豬肉，怎可能皮脆如燒肉？誰知食家蔡瀾兄與鏞記合作重現《食經》十個失傳菜譜，其中就有鑊底燒肉，炮製成功我才服了。原來真的可行，電視鏡頭前絕無花假。

後來我在家試製過一兩次，味道十分好，但不算甚成功，因為豬皮雖然脆，卻稍為硬。

《食經》是經不是譜，有些步驟還需思量。電視上鏞記甘老闆也說：「好難搞，試了幾次才成。」後來我參考燒臘法改良，用尖錐在豬皮上刺上無數小孔，果然成功，豬皮香脆，肉夾肥脂者嫩滑，但瘦的一層仍頗韌實，或許是肉本身質不夠好之故。最妙乃鑊底的飯焦，因有豬油，比普通煲仔飯焦多了肉味甘香，而且鬆脆，澆上少許淡醬油，頓成人間美味。如此佳品，難怪席上蔡瀾問倪匡如何，小說家顧得吃，只會說一個「好」字。

回說那次老友大廚贈我的烤肥豬腩，我用隔夜米飯又弄了一次鑊底燒肉。因為飯本來是熟的，我把肥腩皮朝底放在鑊裏，不蓋湯碗，直接用冷飯埋沒整塊肉，加上鑊蓋用慢火燒，分次略加沸水。不到十分鐘，皮脆肉嫩飯香，飯焦之美更不在話下。

細想，鑊底燒肉其實蘊含烹調的基本道理，肥肉在鑊底燒熱化油，豬皮等於在油中微炸，豬肉則以飯焗熟，火候和水分掌控得宜，焉有不成之理？二千多年前《禮記・內則》篇裏的"炮豚"教人用豬油炸乳豬，北魏《齊民要術》的"奧肉"先把肥肉炸成豬油，然後用一升豬油二升酒煮豬肉。豬油肥美，千載民間智慧自有道理。

如今肥腩竟成美國潮流菜式，老饕多了肥的選擇，好事。現代人食用太好，營養過度，聞膽固醇色變，事實上膏脂影響健康，但偶一為之想無大礙，享受美食之後加倍運動絕對值得。如今雞翼價錢已超越淨雞胸肉，五花腩也身價大漲，以前只是一元多，現在接近四美元一磅，竟比瘦肉價高。肥豬腩也出頭有日了。

鑊底燒肉和焦香的米飯

去骨雞翼，誰說假的真不了？

近年美國大眾飲食業的新興食材是甚麼？去骨雞翼。

我第一次吃到"去骨巴法羅雞翼"（Boneless Buffalo Wings）是在一家快餐店。當時有點好奇，甚麼時候美國快餐店變得如此精緻？雞翼去骨，功夫不少。吃了一口，不對勁，明明是純粹的雞白肉。拿去問店員："沒有弄錯吧？我要的是雞翼。"店員說："沒有錯，這是去骨巴法羅雞翼。"我滿腹疑團，去皮拆肉的雞翅肉不會那麼白，質感也不對。算了，快餐店，能要求甚麼？多吃幾次之後，我總算弄明白了，"去骨雞翼"原來是切成雞翼大小的雞胸肉。

猜猜美國近年冒起最快的餐廳是甚麼？標榜供應雞翼菜式的餐廳和專賣雞翼的快餐店。

九十年代初西部牛仔風格的牛排餐廳異軍突起，九十年代末家庭便餐店發展迅速，踏入千禧年代，多元民族食品風吹遍市場，近年雞翼餐店迅速冒起，漸成潮流。一家叫 Wingstop 的連鎖快餐店，兩三年間已在 26 州開了近五百家分店。

美國人吃雞多選胸肉，因為是白肉，健康的肉。雞翼一向是

Middle Wing，美國人不但開始流
行吃雞翼，還開始吃"雞中翼"。

便宜食品，數十年前更是人們棄而不用的。絕大多數美國人不吃
雞皮，雞翼皮多肉少脂肪滿，被視為不健康肉食。超級市場最受
歡迎的是去皮去骨雞胸肉，價錢比雞腿肉貴得多，是雞翼的兩至
三倍。我沒有那麼注重飲食健康，吃雞獨愛翅，烹醉雞也只用雞
翼。尤其是在美國，一般市場上所買到的都是以化學飼料養飼的
雞，既無雞味，也無雞肉應有的質感，只有雙翼還有點性格。前
時我到一位美國朋友家吃飯，他用雞翼拆肉連皮熬濃雞湯，然後
用湯煮意大利通心粉，最後加入綠色紫蘇，味道果然不凡。我這
位朋友頗懂燒菜，但他以前只用雞胸肉。對我來說，雞翼原是價
廉物美的食材，但隨着美國人加入吃雞翼，此調恐再難彈了。

經濟衰退，這幾年雞胸肉的銷量大受影響，但餐館的雞翼菜式卻
一枝獨秀。廚師老友告訴我，由於對雞翼的需求大增，來價已經
超過去皮去骨的淨雞胸白肉。2013 年 1 月最新批發價行情，全雞
每磅約一元半，去皮去骨淨雞胸肉每磅約一元八，雞翼每磅高至
兩元八，三四年間漲了兩倍多。

雞翼價高，於是新興事物誕生了，就是用雞胸白肉造的"去骨雞
翼"！成本既然較真正的雞翼低，又合美國人吃白肉的習慣，潮
流興起，有點道理。

原來讓我吃得狐惑的"去骨雞翼",漸成飲食新寵,不過這一兩年又好像褪了點色。假亦真時真亦假,標榜賣雞翼的雞翼連鎖店,賣的竟然是真雞肉造的假雞翼。一段時期發展極速的快餐店 Wingstop,我估且譯其名為"翼站"吧!這連鎖店的賣點是供應由百分百淨雞胸白肉造的"雞翼"!其他傳統的連鎖炸雞店緊貼潮流,擴大雞翼菜式的選擇,賣漢堡包、比薩餅的快餐店也紛紛加入雞翼餐單,例如"比薩屋"大肆宣傳新推出的 WingStreet,漢堡包快餐店 Wendy's 坦承去骨雞翼的邊際利潤高,無法抗拒,推出"去骨巴法羅雞翼"。

巴法羅雞翼是我在美國差旅時的至愛食物之一。不想吃豐實的晚餐,找家酒吧或小店,一盤巴法羅雞翼,一杯葡萄酒,再加一本書,我可以度過一個愉快的黃昏。巴法羅雞翼是一家叫做安哥酒吧的老闆娘 1964 年發明的。緣於一個深秋夜裏,她的大學生兒子帶了幾名同學回酒吧,母親弄了一盤辣雞翼以饗飢腸,幾個年輕人都認為是前所未有的美味。食譜流傳開去,成為地方特色菜,後來流行全國;因為創始的酒吧在紐約州巴法羅市,故名為巴法羅雞翼。 1980 年時,一個叫約翰楊格的小飯館老闆聲明他才是巴法羅雞翼的發明者，六十年代他在自己的餐廳推出特別調製的曼波醬汁炸雞翼。楊格聲稱在 1970 年已經向當地法院登記。一味雞翼，鬧出雙胞。

巴法羅雞翼其實是炸雞翼澆拌酸辣紅椒汁，配以西芹條，吃時蘸藍霉芝士白汁。簡單，但十分惹味。不過值得擔心了，以後我點巴法羅雞翼時，會不會送來的是一盤"去骨雞翼"？不知是誰想出來的主意，這種從外形、味道到質感都相去十萬八千里的"假"雞翼，竟也變成大眾飲食新寵，誰說假的真不了？

Buffalo Wings，炸雞翼拌上紅椒汁，配以西芹條，吃時蘸藍霉芝士白醬，即為十分惹味的巴法羅雞翼。

談肉膠色變

兩年前曾經流行過一段網上影片，引起公眾的關注，稱為"肉膠驚魂"。

一堆碎肉，灑上像洗衣粉的白色粉末，醃勻，用保鮮膠膜捲成條狀放入冰箱。翌日，廚師把肉條拿出來，切成吋厚，與高級免翁牛柳無異。影片確是讓人震驚，我們究竟吃了多少這些"白粉"？自從食物安全成為全球議題，人已變了驚弓之鳥。

那些白粉叫做肉膠（Meat Glue），名字也有點恐怖。既然有此一驚，我也就做了點搜索研究，還請教了飲食界的老友，肉膠究是何物？原來是一種酶，由凝血酶（thrombin）和纖維根（fibrogen）組成，主要是從豬牛的血漿中提取，乃是一種肉食的添加劑。它能把蛋白質黏結在一起，因此可以"改良"禽、畜、魚和海鮮等各種肉塊的外觀和大小。

這場肉膠驚魂，緣於當時（2011年）歐洲議會通過禁用凝血酶作為黏結肉類的添加劑，理由是既沒有科學證明肉膠有益，使用肉膠的產品更會誤導消費者。廉價碎肉塊用肉膠黏合變成大塊肉，蒼白變成紅潤之後，可能以原塊靚肉的價錢出售。這些黏合的肉類製品食肆用得最多，顧客受到蒙騙。歐洲議會認為消費者購買一整塊牛扒或火腿，得到的就應該是一塊完整的而不是用碎塊黏拼而成的肉。

禁用肉膠原來是消費者被矇騙貨價的問題？

肉膠是上世紀五十年代研發的產物，很多國家沿用已久。歐洲食品安全局在 2005 年公佈對使用肉膠的意見，認為肯定安全（positive safe），被列為可批准的添加劑。不過，內含肉膠的產品必須有適當而準確的標籤。到 2010 年初，幾乎所有歐盟國家都已批准肉膠的使用。

1

2

1. 各種歐式香腸，不少都添加了肉膠。

2. 談肉膠色變，這盤羊肉難道又是黏合產品？

2011 年初歐洲議會有關禁與不禁的投票極端接近：只差一票。當中反對最烈的是西班牙，理由是肉膠從動物血中提取，並不是人工化學品，事實上也沒有研究證明肉膠有害。西班牙的香腸、火腿、肉丸等，普遍使用肉膠。據說美國不少食品也如是，例如一些快餐店的雞塊，大小和形狀統一都歸功於肉膠，紐約甚至有名廚標榜已用肉膠和蝦肉創製出招牌麵條。

讀到新聞，我急急檢查剛剛在俄勒崗州買的安格斯牛扒是原條脊肉，肯定不是肉膠黏成的，才放心。可是，我們平常也難免吃了不少肉膠，例如假蟹柳、魚蛋、肉丸，或者攪爛再定型的食品，都可能添加了肉膠。不過想想，膠並不可怕，我們也吃得多了。從魚中提煉的魚膠是名貴食材，驢皮製的阿膠是益補食療品，江南水晶餚肉的"水晶"是炮製過程中豬皮和膏脂熬出來的膠。還有，製啫喱和無數甜品的魚膠粉就是從豬牛的骨、肉或內臟提煉的水溶膠原，成分是縮氨酸和蛋白質。

然而，忽然備受爭議的肉膠，真的與健康無關？可以放心？

接近金華的維珍尼亞火腿

好友琵琶名家顧蕙曼饗我一頓正宗上海家常菜,當中一盤燉火方,調味火候恰到好處,絕對顯功夫。在美國能吃到這樣的火方,難得的口福。蕙曼用的是 Prosciutto,那是我第一次吃到用意大利火腿燉的火方,味道質感均甚佳,難怪頃刻就給席上客人全化掉了。

美國不難買到 Prosiutto 火腿片,我很喜歡買薄片的作佐酒小食,甘香自然遠勝美國火腿。三藩市有一家著名的意大利餐廳,一次我跟意裔老饕去吃飯,他是超級熟客,領我到地庫參觀。地庫一層有一個可容約二十人的小宴會廳,廳的天頂吊滿火腿。朋友說:"全是特斯肯尼貨!"那夜老闆特切了最好的腿片作敬菜,配以濃郁的意大利紅酒,那種和味印象難忘。

我未用過意大利火腿燒菜,家中常備的是維珍尼亞火腿。無論哪一國的火腿,基本都是把豬腿鹽醃壓放兩三月,然後把鹽沖洗掉,吊乾而成。意大利火腿直接吊起風乾,美國維珍尼亞火腿先以果木煙燻再吊,肉較實而有煙燻香氣。美國華廚多用維珍尼亞火腿,取其接近金華火腿風味。到唐人街買,價錢比意大利火腿便宜得多。

維珍尼亞火腿是美國少數土產之一,當中又以史密斯菲爾(Smithfield)產品最有名,十八世紀已是北美名物,外銷西印度群島。美國人保護品牌的意識由來已久，史密斯菲爾火腿是為一例。早在 1926 年維珍尼亞州就通過了一項法案，規定必須取自該州或北卡羅連納州維特島郡（Isle of Wight County），以花生飼養的豬，方可稱為真正的"史密斯菲爾火腿"。法案在 1966 年修訂，除去了花生飼養的規定。時至今日，全美也只有幾家商號有資格標籤其產品為正宗史密斯菲爾火腿。他們的豬不再吃花生，改吃橡實和粟米。

生產史密斯菲爾火腿最著名的是老店顧阿尼（Gwaltney），經營至今。顧阿尼家族自 1875 年開始燻製和銷售火腿，遠近馳名，店在維珍尼亞州的史密斯菲爾市，因以為名。史密斯菲爾火腿還有一個"寶貝"故事，1902 年，顧阿尼老闆忽發奇想："我家的火腿究竟能存放多久呢？"於是他把一隻當年醃成的火腿留下來放着。年復一年，這隻火腿絲毫不壞，成了世界上最老的火腿。顧阿尼公司把它作為吉祥物，為它掛上一塊精緻的小銅牌，稱之為"寶貝火腿"（Petham），並為寶貝購了保險。

1934 年，顧阿尼先生到華盛頓參加美國銀行家的會議，他把寶貝火腿帶在身邊。到了華盛頓的酒店，他吩咐服務員把

三藩市小意大利區這家名店，連客人頭頂都掛滿 Prosuitto 原隻火腿。

行李箱放進酒店的保險庫，說："這是顧阿尼家的寶貝火腿，購了五千元保險的！"第二天，華盛頓報章都報導了"顧阿尼先生的寶貝火腿"。

火腿是維珍尼亞人引以自豪的特產，每家餐廳都有供應。我在當地嚐過幾回，不過除了切薄片夾三明治，他們的烹法實在不敢恭維，只能用鹹字來形容。傳統的炮製方法是先把火腿浸水去鹹，然後原隻塗上蜜糖烤焗，然後切片，淋上用原汁、咖啡和唸汁煮成的"紅醬"。每次吃時我都想，為何不參考西班牙人的酥炸肥火腿粒，或者中國的蜜汁火方？

接近金華風味的維珍尼亞火腿。

在美國買不到金華火腿，維珍尼亞火腿是最好的代用品，物美價廉。整隻買，上腿（豬髀部分）約十元一磅，肉厚肥美。下腿更便宜，五六元一磅，那是豬腱連腳部分，肉實脂薄，提味最佳。唐人街雜貨店更可以買到火腿骨，熬湯妙品。

印第安牛腩酥，新墨西哥油炸鬼

兩年前我和好友兼饞友鍾基・美慶作了一次大西南千里之遊，驅車遍賞猶他、科羅拉多與新墨西哥州天然景色，最後到了聖達菲，那是我認為人文風景最獨特的美國城市。

聖達菲周邊有十九個印第安部族村落（Pueblo），我們去了名列聯合國世界文化遺產的陶斯（Taos）。我乃舊地重遊，多年前第一次來到這村，黃土 Adobe 建築在藍天為幕之下，看呆了，漂亮得攝人心魄。可惜那次團體行動，匆匆拍照就得走了。第二次適逢族村慶節，有幸觀賞到印第安的傳統節日歌舞和儀式，還嚐到泥窰現烤的麵包；那種軟熟質感和穀物的香氣，讓人吃得欲罷不能。

印第安人每家門前都有一個泥窰，叫 Hornos，是用來烤玉米麵包的。泥窰大小不一，顏色和樣子極像中國北方人吃的窩窩頭。泥窰有一個口，印第安婦女先把柴草燃料放進窰裏燒，待火滅後，她們用一束乾玉米衣入窰測試熱度，真是民間智慧。熱度剛好，用一個長把子將擀好的麵團放進窰裏，再用木板封了爐口。一會兒打開門板，一個一個新鮮麵包出爐了。

出爐麵包燙手，我得拋來拋去才能撕開吃。麵包是玉米粉造的，質感一點都不粗，還有一種帶焦味的獨特玉米香氣。印第安家庭到現在仍是用這種傳統方法烤麵包。可惜那次是節日，嚴禁拍照。這回重遊，我們在村裏消磨半晝，優悠地欣賞。

回城路上，經過族村不遠處見有小泥屋掛着餐廳招牌："族人經營"，我們決定一嚐陶斯午餐。這是一家很潔淨的小店，裏面只有一個穿着與普通人沒有分別的印第安女人，侍應是她，廚師也是她。初時只有我們一桌客人，我到廚房看她燒菜聊天。原來她和丈夫都是陶斯族人，十年前已搬到村外居住。丈夫在城裏打工，她經營這小餐館，只有過年和傳統節日才回到族村的祖屋住幾天，參加慶祝活動和儀式。

我們吃了雜菜薄餅和氂牛肉（buffalo）。在歐洲白人進佔美洲之前，印第安族本來世世代代靠氂牛為生，女子說圈養氂牛至今仍是陶斯族的重要蓄牧。可惜她烹煮的氂牛實在不好吃，薄餅也不怎麼樣，可喜的卻是鮮炸麵包，蘸莓子糖漿，味道好得很。

印第安人的主食除了烤麵包，還有炸麵包，陶斯的炸麵包是小小的三角形，外脆內軟，口感味道俱佳……饞友說："牛脷酥！"一語中的。

1. 我們就在這家小泥屋餐廳吃了一頓陶斯風味的午餐。

2. 陶斯族村每家門前都有烤麵包的泥窯，叫 Hornos。

3. Fry bread 在油爐裏炸約二十秒，漲卜卜的 "新墨西哥油炸鬼" 出現了！

4. 一頓美味的新墨西哥午餐：牛油果醬藍玉米片、炸麵包、雞肉春捲和雜錦薄餅。

1	2
3	4

後來到了聖達菲，在名店 Tomasita's 吃到典型的新墨西哥式炸麵包，是大大的四方形，叫 Sopaipillas，唔……油炸鬼！

我每次去聖達菲（Santa Fe），一定要吃 Fajita。我對新墨西哥菜並不熱衷，因為很多菜式都是豆子混米飯夾薄餅，感覺和食味都有點"一塌糊塗"。多番嚐試，我仍是獨沽兩味，Fajita 和牛油果醬 Guacamole。聖達菲有我頗喜歡的風味餐廳，他們的 Fajita 是青紅椒和洋葱炒牛肉、雞或蝦，鐵板上桌，用剛出爐還燙手的 Tortilla 軟餅，加入生菜絲，即製牛油果醬、芝士絲和酸忌廉捲着吃。

那天我們在聖達菲的國際民俗博物館看展覽，為省時間就在博物館咖啡廳吃午餐，沒想到水準極佳。剛好廚師出來，我誠意稱讚其廚藝，又請他推薦城中食府。廚師介紹老火車站旁的 Tomasita's，他自己也經常光顧。

第二天我們找到了 Tomasita's，才是中午十二時，門內外已站滿等候的食客。拿了電子輪候器在角落等着，我順手看看餐牌，發覺竟然沒有 Fajita，急得向老友說："怎麼辦，沒有 Fajita！"登記訂座的領位員在旁聽到了，對我們說："別急！我請經理來，他一定會弄出你們喜歡的菜。"

不到一分鐘，經理來了。我說："今天我們為了 Fajita 而來的。"
經理說："我們有一道非常近似 Fajita 的菜，你會喜歡的。"我笑
說："近似，那就不是 Fajita ！"心下琢磨着是不是要換個地方吃，
經理熱心地說："這樣吧！我領你去廚房，廚師正在出菜，你看到
滿意再決定好嗎？"

我這人一聽到能入人家的廚房就心動，於是撇下老友隨經理進廚
房去。那是午餐高峰期，廚房忙極，廚師、侍應不斷在我身邊悠
來晃去。經理說稍等兩分鐘，剛有客人點了那道菜，快要出爐了。
等的時候，他很耐心地為我介紹菜式、作料和廚房各個崗位。我
實在過意不去，吃那份誠意也值得了，我說："不用等了，你出
甚麼菜我們都會吃得很開心！"。

我還在廚房留了好一會，看着流水作業製作炸麵包。機器自動調
粉擀麵，"掉"下小麵團，隨之壓成一片一片厚薄均勻、工整四
方的麵塊。廚師用夾子逐塊放進旁邊的油爐，且不斷翻弄，不到
二十秒，漲卜卜的金黃麵包浮出來了，這就是 Sopaipillas 炸麵包。

回到餐桌上，侍者立刻就送上熱得燙手的 Sopaipillas。外脆，內軟而帶點啃韌度，我們吃着，不約而同地說："唔……油炸鬼！"

老店名不虛傳，菜真的好，雖然沒有 Fajita。經理給我們點了雞肉春捲配豆子西班牙飯和雜錦薄餅，分量恰到好處，還送了一份 Guacamole（新墨西哥式牛油果醬）配藍玉米片。那是我吃過最好的玉米片，難得鬆脆而有微粒質感，更有濃濃的玉米香。好奇相問，始知是用當地有機藍玉米自家研磨，着意保留極細微粒，這樣的玉米片，與磨成粉末製成的現成玉米粉烤出來的，質感味道自是不同。

我們很快就知道，最初聽到我們要吃 Fajita 那位登記訂座的，原來是餐廳老闆。他來招呼，說能滿足我們的要求他就放心。只見他不斷周旋於食客中，看來都是熟客。後來我們也才知道這是聖達菲最出名的餐廳之一，菜譜數代相傳，餐廳所在是 1904 年建成的火車站歷史建築。

這家餐廳其實不必在乎像我們只會光顧一次的遊客，我們離開時，門外仍有站滿等位的人。我和饞友都十分感動，吃那份誠意也夠了。

鬧上議會的河粉

美國大至移民政策，小至某種食物問題，都可能提上議會投票解決，這就是普通法加民主程序的微觀體現吧。年前一位華裔加州參議員向州議院提議一項"亞洲河粉製造法案"，結果成功爭取得州議會兩院通過。

故事是這樣的，加州衛生部有法例規定，未經烹熟的粉麵要儲存在華氏41度以下或140度以上的環境。法例通過之後，州內的亞洲粉麵廠商接連收到罰單，指控他們的河粉放在室溫下，違反衛生條例。粉麵廠和零售商都煩惱了，因為河粉不同於其他粉麵，生意大利粉或廣東生麵可以冷藏，河粉乃米粉所製，冷凍即發硬，質感變得粗糙。美國唐人街的雜貨店和超市，河粉通常都只擺放在室溫的貨架或者是溫和的蔬菜凍櫃裏。

想想也是，我從未試過買到因為沒有放凍櫃而變壞的河粉。那位華裔議員提出和推動另一法案，要求容許亞洲粉麵廠商豁免冷藏河粉，即是說可以賣在室溫存放的鮮河粉。若非新法案成功通過，以後唐人就要吃又硬又粗的河粉了。

我愛吃湯河粉，湯河只能到粥麵店才夠道地，但在美國，粥麵店一般只在唐人街，反而越南河粉店到處都有。越南的 Pho，有人

稱為河粉，也有叫做檬粉，是牛肉湯粉。越式和粵式湯河食味各有不同，吃在美國，一般來說我覺得越南河粉更幼滑，湯也十分滋味。越南河粉雖有其他作料，但以牛肉為主，所以叫越南牛肉粉。越南牛肉粉有南北不同的風味，例如在加州，三藩市吃到的多是南越式，西貢風味，湯和配料都比較簡約，生或熟牛肉、牛丸、牛腩，配幾片青辣椒和青檸，另加蘿勒葉和小豆芽，湯清而鮮，吃出牛肉湯的原味。三藩市較為少見而洛杉磯則很流行的北方風味的順化牛肉粉，加有蝦醬、香茅、紅辣椒，有些甚至加豬紅、肉片的，配料多而複雜，湯味酸辣而濃。

我有一位朋友每次從香港來美國，一定要吃越南河粉。他從前在洛杉磯加大唸書，回到香港之後十分懷念當年南加州的道地越南粉。美國的越南菜比較正宗，有其歷史原因。越戰結束，美國道義上有責任收留越南難民，上世紀七十年代中以後大量越南人移民，定居紐約、三藩市和洛杉磯等亞裔較多的大城市，同時帶來越南飲食文化。不過我總是有點奇怪，美國越南人不少，但供應餚饌的越南餐館始終不多，牛肉河粉店則遍佈各地。這可能因為粉麵店無論從投資到廚藝，入門要求都比較低。

美國的越南河粉好，主要是美國牛肉牛骨價廉物美。這裏的越南牛肉粉用的多是肉眼，質嫩味鮮。另外，內行老友曾經帶我到一家店的廚後參觀，教我如何找好的牛肉粉店。河粉的靈魂是湯，每天早上看到廚後天井堆放着幾籮熬湯的牛骨，當知這家的湯真材實料，肯定好。

越南華裔朋友都說美國吃到的南越式河粉很正宗。幾年前我和饞友到越南遊玩，在胡志明市的"河粉2000"吃過生牛肉粉，果然與在三藩市吃到的幾乎一樣。那是克林頓訪問越南時光顧的一家店，本地人都推薦，說此店本來就不錯，並非靠美國總統捧場而生意滔滔。

愛吃越南牛肉粉，我也吃出一點秘訣。牛肉粉通常分大、中、小碗，最好點大碗的。大碗湯多，涮開碗底的河粉，加了芽菜、香菜等配料之後，碗內河粉和作料仍有空間，這與小碗擠滿作料，湯量又因河粉吸收而不成湯，食味有很大的分別。湯用牛骨牛肉熬製，吃完河粉把大碗湯喝光，既滋味又有營養。我尤愛吃生牛肉粉，而且一定囑咐侍者牛肉另上。湯粉上桌，先下蒔蘿、辣椒和芽菜，這時湯不再滾燙，再下生牛肉，肉才不會老。用筷子夾牛肉在湯裏輕涮，肉仍呈粉紅色，特別嫩滑，肉味也涮進湯裏，最後擠幾滴青檸汁，和而味美。這比在後廚處理好的湯粉，食味好得多。如果不囑咐牛肉另上，廚師會把生牛肉鋪在河粉上澆滾湯，湯河捧出廳堂上桌，牛肉已經過熟，肉味也不會涮在湯中。

美國越南牛肉粉店用的肉眼通常都比較瘦，是我唯一的抱怨。

筆者嚐過胡志明市的"河粉2000"，很不錯，並非靠克林頓光顧的虛名。

貝果焙餜，閒話 Bagel

在飲食雜誌上看到一則標題："貝果漸漸流行台灣"，那是甚麼果？細讀才知自己孤陋寡聞，原來就是我一向稱之為猶太麵包圈的 bagel。好奇上網找找究竟 bagel 還有沒有其他中文名稱，沒想會讀到一些 bagel 迷的博客評論。他們抱怨香港沒有正宗的 bagel，有的都只是似麵包多於 bagel 的三文治，甚至只是圓圈形的白麵包，而且不便宜，夾餡的要五十多元一個。在美國小店，塗上乳脂芝士 cream cheese 的 bagel 一般在兩美元左右，夾燻三文魚或火腿的也很少超過五元。我家附近的超市有新鮮出爐 bagel，每個 69 美仙，還不錯。

我挺喜歡吃 bagel，尤其烘香夾上乳脂芝士燻三文魚，是出差時很愜意的午餐。Bagel 是厚厚中空的圓圈麵包，外形和質感都與普通麵包不一樣。普通麵包講究鬆軟，bagel 要軟中稍帶韌度，有嚼感；不夠水準的 bagel 不但沒有嚼頭，更會黏到牙縫裏。Bagel 有這樣的獨特質感，第一是用高筋麵粉，第二是先經水煮再烤焙。麵包成圓圈形，除了可以烤焙得更均勻，另一原因是舊時用繩穿起來，便於攜帶。

Bagel 始自十六世紀的波蘭，後來由猶太人傳到世界各地，尤其在美國和加拿大發揚光大。在美國，想隨時隨地吃到好的 bagel，就

要去紐約，那兒 bagel 店之多，冠絕全國。紐約的 bagel 特別好，原來有一段十分獨特的歷史。

猶太人在二十世紀初開始大量移民美國，不少定居紐約，隨之 bagel 店如雨後春筍，紐約人漸漸也習慣吃這種猶太麵包圈。當年的 bagel 都是人手製作的，那些小店的工人薪水微薄，工時長，環境差，又都是小店，bagel 的水準參差很大。在 1915 至 1916 間，三百多個 bagel 工人組織了工會，那就是著名的"國際 bagel 烘焙工人工會 338 分會"。工會成員全都是猶太人，開會用意第緒語，那是德語和希伯萊語結合的一種猶太語言。他們團結爭取烘焙工人的權益，更定下了 bagel 的標準。當年的紐約 bagel 沒有今天的那麼大，每個只有 2 至 3 安士。

到 1960 年代，紐約市對 bagel 的需求已達到每天二十五萬個。就在那年代，製 bagel 的機器出現了，開始取代人手大量生產。市民不只可以從小店購買 bagel，市場上也有 12 個一筒的包裝供應，冷凍的 bagel 麵糰開始運銷全國。 Bagel 烘焙工人漸漸失去優勢，"bagel 烘焙工人 338 工會"終於在 1970 年解散，完成了半世紀的歷史任務。今天在美國任何地方都可以找到 bagel，但好吃與否是另一回事，那是機器帶來的發展。

傳統 bagel 的基本材料是麵粉、鹽、酵母和水，用人手擀粉糰掏成中空圓圈狀，放在低溫下酵發 12 小時，然後用滾水煮約一分鐘，再放進烤爐焙焗，很多時還在麵包圈上放上食用罌粟籽和芝麻，增添滋味。

Bagel 在台灣的翻譯是"貝果"，名字頗美，但意思距離麵包實在遠了一點，我想譯為"焙餜"更妙。"餜"是中國古代用米粉或麵粉造的餅食，客家人的"茶餜"就頗有古意。

焙餜，焙出來的餜，bagel 不就是嗎？

塗上乳脂芝士夾燻三文魚的芝麻 bagel，
另一個是新興的芝士 bagel。

星級晚宴 Meals on the Wheels

每逢四月，老友大廚 Christopher 總會來電："五月盛事又將至，盍興乎來？"所謂五月盛事，是慈善團體 Meals on the Wheels 的年度籌款晚宴。這團體專為貧病或者沒親人照顧的長者免費送餐，meals 是餐食，wheels 是車輪，意思是用車送餐。

美國廚藝界在支持慈善活動非常熱心，大小籌款宴會，很多時都是由名廚義煮，Meals on the Wheels 是全國著名的一項。另一個更大型的是 Taste of the Nation，為服務病童機構籌款，在全國大城市巡迴舉行，大都會名餐廳和酒莊捐出佳餚美酒。Taste of the Nation 採取自助酒會形式，一次招待數百善長。我參加過好幾年在三藩市舉行的盛會，由於參與的名廚和酒莊太多，通常未過半場，我已酒酣飯飽。

Meals on the Wheels 是一個全國性組織，各地有區域分會。我參與了好幾年三藩市灣區阿拉美達郡分會的籌款晚宴，不是做善長，我當義工。晚宴名為"五星之夜"，很多年都在海灣山上一家天主教堂舉行，宴開數十席，食物材料由大會供應，郡內名店名廚"義煮"，每位大廚負責一種雞尾酒會點心，一道菜或一款甜品。善長賓客一頓晚宴可品嚐十數位名廚的首本菜式，並有納帕谷酒莊贊助的美酒。幾百元的餐券簡直物超所值，何況是捐作善款。

我的好友 Christopher 是屋崙一家近乎私房菜的餐館老闆兼大廚，店雖小，名氣不弱，多年來他都是 Meals on the Wheels 的義廚之一，我常當義工，做他的助手。做義工有機會親臨盛會，不但有意義，既好玩，又學到一些名廚菜式。

例如有一年，Christopher 負責雞尾酒會其中一款點心焗釀甜椒。他用墨西哥彩色小甜椒，先要用熱水淥過撕去椒皮，再釀入蝦和豬肉。釀三百隻小甜椒很花功夫，他在餐廳準備好再帶到教堂，然後計算時間入焗爐。西餐講求美器和賣相，每隻甜椒都放在一隻精緻的中國小白匙上，所以也要配合時間把三百多隻小匙預熱。那次我的工作很輕鬆，把焗好的甜椒逐隻放入匙裏，排好讓服務員捧盤奉客。另一年他弄一款玉米餅大蝦，玉米餅預先烤得半熟，出場前才入爐翻焗。用小爐煎蝦，我要急手快腳把蝦放在玉米餅上，再澆上秘製龍蝦汁，十分惹味！

每年總有六七位名廚負責酒會點心，他們在酒會場地旁邊臨時搭起的廚棚工作，所以我有機會接近廚師，品嚐他們炮製的美食不在話下。

晚宴的場地佈置以至後勤工作，都要大量義工幫忙。十多家餐廳的大廚各帶人馬到會，必須有周詳的策劃和細緻的流程安排，每年由其中一位義廚總負責。爐灶編配，佳餚佈盤，上菜安排，全都要事先算好時間，先後有序；像軍隊一樣，每人都要嚴格遵循指揮。雞尾酒會的小點比較簡單，三百人的晚宴，從烤爐到炊具餐盤的安排，都要統籌調配妥當。前菜、主菜加甜品，總有八九道，最難是由十幾位名廚各自做一款，稍有疏漏，出現兩家同時要用烤爐或煎板，必定亂套，互相衝撞，出不了餐。

幕後最緊張的時刻是上菜，歎為觀止。大酒店應付幾百人的晚宴稀鬆平常，酒店的臨時幫工大概都是有經驗的熟手。這兒設備都是臨時的，不相識的幾十個義工和十多位名氣大廚，聽從總指揮調度，幾分鐘之內要上好一道菜，實在不簡單。每當一位廚師做好一道菜，其他大廚和義工都要候命。我們圍着幾張大長桌排列站好，先由廚師解釋這道是甚麼菜，特色如何，怎樣上碟，隨而分配工作流程。例如羊扒，第一排的人在碟上澆上綠菜醬汁，把碟傳給第二排放配菜，

1	
2	3

1. 大廚擠在臨時的棚帳裏烹製美食

2. 羊扒擺好，等待大廚澆汁。

3. 準備好的沙律，隨時出菜。

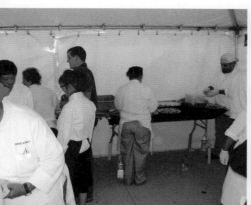

再傳給第三排放蘑菇。我在第四排，負責擺放羊扒，那不是容易的，因為羊骨必須豎起。我下手的一排都是廚師，淋上醬汁。原來這工序最重要，必須熟手大廚出馬，否則澆不出美麗的花紋。最後一排檢查盤中餐是否四正，擦淨碟邊，侍應生立刻接過，捧出廳堂上菜。

席上三百嘉賓杯酒言歡，幕後調度得宜，合作天衣無縫，每道菜從出爐到上桌，都在五七分鐘之內。兩道菜之間我們休息聊天，品嚐美食，每款都是名廚的名菜。從黃昏站到晚上，還真累，但值得！

混在名廚當中，我也增加不少飲食知識。Meals on the Wheels 一年一度的晚宴已自成傳統，雖然只負責一道菜，名廚都會親自出馬。每年菜式不同，他們會互相試菜品評，我跟着老友大廚，食樂不在話下，事後拿出照片還可以吹吹牛皮：看，Chez Panisse 的大廚在我旁邊燒菜！

中菜意菜，美國人中意的菜

去年暑假舊金山舉行了第一屆"中意麵食嘉年華"，幾十家中菜和意大利菜館參加。活動目的是吸引遊客，促進經濟復興，同時作為中、意兩種飲食文化的交流。20元餐票任選三個攤位品嚐粉麵，據說當日亞裔遊客大多選擇意大利粉麵，中式麵食攤檔不乏非亞裔排隊光顧。

歷史上中國人和意大利人差不多同期大批到達美國，所以很多大城市的唐人區和意大利區相鄰，紐約和三藩市是典型。一百多年來華裔社區和意大利裔社區在很多方面都存在競爭甚至鬥爭，到今天在飲食文化攜手合作，值得慶幸珍惜。

美國飲食史專家大衛・羅森加騰（David Rosengarten）撰寫過一篇權威性的文章，認為美國飲食受中國菜和意大利菜的影響最大。這位著名飲食文化傳媒人觀察到，今天翻開任何美國城市的黃頁分類，餐館一欄都會發現中國餐館和意大利餐館佔了大多數，其中意大利館子第一，中國館子第二。

羅森加騰認為十九世紀後期在美國飲食史上極為重要，當時中國人和意大利人同時大量來到美國。中國人絕大多數是鐵路華工，他們在荒山野外建築鐵路，很多時候食材短缺，只能就地取材，廚師要運用腦筋和烹飪技巧，供應工人一日三餐。例如省水省力地把菜和肉切碎一起煮，這是後來美國中國菜雜碎（chop suey）的前身。其後中國人跑到不同的大城市謀生，美國人開始嘗試春卷、餛飩湯、炒飯、炒麵、甜酸排骨等中國菜。

羅森加騰認為中國菜打開了二十世紀幾乎每一個美國人的眼界，豐富了他們的口味，使他們開始認識到亞洲菜的異國魅力。許多亞洲美食由此納入美國日常菜譜，都是中國人的功勞。

羅森加騰談到意大利菜最先在紐約出現，那是 1880 年左右第一波是來自那不勒斯移民抵達艾利斯島之後的事。像中國華工一樣，當時意大利人也無法找到在本國的烹飪原料。廚師亦只能發揮創意，變通而用本地材料，例如以乾貨取代新鮮作料，罐頭蕃茄代替新鮮產品，意大利麵多用醬多加肉，從而發展出美國式的意大利菜，結果比意大利本土的菜用料更為豐盛。想想也是，習慣了美國比薩薄餅的人到了意大利，當會發覺正宗意大利比薩的餡料實在單薄！

羅森加騰的結論是直到近二三十年之前，美國的中菜和意大利菜
都不道地，都是美國化的食祭。直到上世紀七十年代以後，由於
中港台分別傳入道地的中國菜，而高級意大利菜館的廚師也開始
刻意改變美國化的意大利菜烹調而走近正宗。所以，今天美國真
正有了接近本國正宗的中國菜和意大利菜。

中意，喜歡的意思，非常古老
的一個詞，讓我想到了這個好
玩的題目：中菜意菜，美國人
中意的菜，一點不假。

意大利菜我不敢說，但羅森加
騰這位飲食權威對美國中國菜
的觀察和分析，不由得我不同
意。

1
2

1. 甜酸排骨是美國人最愛的中國菜式。
2. 意大利菜中的什錦冷盤是美國人中意的
   佐酒美食。

此魛不同彼魛 —— 方魛與尖魛

饞友相約吃"早午餐",地點為鴨脷州街市食檔;識途老饕有相熟檔主,可代炮製來料海鮮。香港仔和鴨脷州街市佔地利,經常有難得的活海魚。一眾饞人先到樓下街市尋鮮,購得斤許重方魛一條,索價三百多;若在高級酒家,價錢當以倍數計。

白灼海蝦、墨魚、蒸鹹鮮、池仔,加上即拉腸粉,絕對比五星級酒店自助 brunch 勝一籌。清蒸方魛鮮美絕倫,吾獨享魚頭,更是嫩滑無比。

奇怪魚檔標示為澳門金邊方魛,原來我只知方魛,而不知其為 Macau sole 之中譯,回家查書,果如是。為查方魛的名稱,不意又發現了頗有意思的香港海鮮歷史。

手上有一本 1940 年出版的《香港食用海魚》。根據此書,上世紀四十年代"七日鮮乃海鮮中之最昂貴者,即屬此類(比目魚類),此類魚之肉質細滑,極香甜,尤以七日鮮及方魛為佳。左口有大達數呎,重十斤者,味亦極美。"可見方魛由來是頂尖級海魚。

到了上世紀五十年代初，已故著名食家特級校對在《星島》的"食經"專欄裏已談到方鮦難求："花魚類中……愛吃石斑的人為最普遍…… 酒家售賣的海鮮也經常以石斑應客。以食家的口味言，石斑的鮮味不及方鮦、七日鮮、青衣，嫩滑不及白鯧，而二斤以上的石斑，爽中而帶實，尤為食家所不喜。但石斑之所以被普通人誤認為上品，竊意以為最大原因為活得久，而又易於養活。吃一尾活的石斑，到處可得，要一尾活的方鮦和白鯧，就不大容易了。"

時至今日，要吃活的方鮦，除了懂得何處尋，還要講緣分才碰上。

方鮦究竟應作"鮦"還是"舭"？對於比目魚類《香港食用海魚》有這樣的描述："尖舭有眼之面褐色，呈黃綠色光澤。繞吻緣及鰭邊有粉紅紋，故又名金邊撻沙。鰓蓋上混黑。形如舌。吻尖故名尖舭（舭者舌之別名）。二眼迫近，鱗細小，側線二條。口鈎狀，

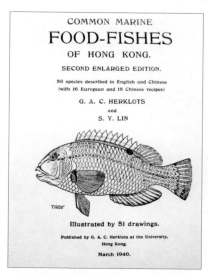

COMMON MARINE
FOOD-FISHES
OF HONG KONG.
SECOND ENLARGED EDITION.

50 species described in English and Chinese
(with 16 European and 18 Chinese recipes)

G. A. C. HERKLOTS
and
S. Y. LIN

Illustrated by 51 drawings.

Published by G. A. C. Herklots at the University,
Hong Kong.

March 1940.

1940 年版《香港食用海魚》。

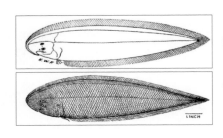

1940 年版《香港食用海魚》中的尖鮹，Macau Sole 的一種。

《香港食用海魚》書中可見粗鱗撻沙樣子與方鮹相近，價錢和食味則相距甚大，小心毋誤認

無齒。普通體長一尺。方鮹與尖胴頗類似，但頭較圓，側線三條。索價較貴，味較美，每近要一元二角至二元左右。"原來"鮹"真個與"胴"有關。尖胴產於港澳沿海至浙江，但方鮹則只產於香港和澳門，Macau sole 之名實有因。

《香港食用海魚》的作者 G.A.C. Herklots（與港大魚類專家 S.Y. Lin 合著）是位英國人，植物學和鳥類學家，1928 至 1941 年間任香港大學生物系講座教授，50 年代初離開香港。他寫過多本有關香港鳥類、食用蔬菜和食用魚的書，多為《南華早報》出版，中英對照。他的書當中最出名是 1953 年出版的《香港郊野》，記載了香港曾有老虎出現。

《香港食用海魚》於 1938 年初版，瞬即售光，1940 年再版，即我手頭有的版本；其後 1961 年《南華早報》再出增訂版。除 1938 初版從缺，其他版本都可以在香港大學圖書館找到。Herklots 的書可謂二十世紀上半葉香港民生物價的珍貴資料，絕對是研究香港飲食史不能不參考的趣味書籍。

放生魚難逃天羅地網

在西貢相熟的海鮮酒家，十人圍桌，蒸了一尾斤來重的芝麻斑，幾條六至八兩重的鱲魚和黃花，再來十多條三四兩重的雞魚，一大盤香煎小沙鱲，石狗公和梭羅滾湯不在話下。這都是吾弟與釣友出海所獲，我等吃得心滿意足，他們卻說：“成績不佳，沒有幾條是大魚！”這次三人共釣得五十斤，還說欠佳，有點“嘥命”。

每次歸港，我經常有機會享受這種魚席，十分珍惜，但對吾弟及其釣友來說，家常便飯而已。一班釣魚癡，當中有艇家蜑友，每週相約出海一兩次，或租船，或用蜑友的小艇，釣者分擔燃油、魚餌開支。黃昏歸來各自呼召家人朋友吃魚，魚由釣友貢獻，吃者平分酒家賬單。

可惜他們時常遠出公海，風高浪急，我易暈浪無法參加。我也愛釣，但只能到較平靜的近岸活動。我若在港有空，弟弟就會與我租艇出海。四匹馬力的二人釣艇，從將軍澳坑口出發，沿岸釣到大廟清水灣。陽光普照，除了釣魚，還欣賞到清水灣半島外的奇岩異石，白波激岸，群鷹飛翔。悠悠大自然，多美好的一天，更何況晚上盤中飧是自己釣得的甚麼火點、芝麻斑、金梭羅……

我弟對於西貢一帶的“牌口”，即魚群聚集的海底岩石礁，瞭如指掌。他的策略是先到牌口守釣大魚,石斑、火點、黃腳鱲常有所獲,再到石崖下的近海釣石狗公、梭羅等熬湯雜魚,最後碰運氣釣水流魚。

我們早上通常先去一個小灣,但有好幾回甫下釣,立刻就勾着海底的網,屢試不爽。無論怎樣避總還是被勾着。換言之,海灣底下佈了天羅地網。放網是漁民近岸捕魚的傳統方式,漁民把一百幾十呎長,闊兩三呎的網放下,然後在附近敲艇發聲,水底的魚被驚嚇奔游撞入網中,翅和尾就被勾着而成網中魚。

我們要把網扯上水面,才可以解開勾着的魚絲,拉上來的網裏很多時都有魚,但死的比活的多,還常勾着一雷公蟹(一種不能吃的蟹),蟹顯然是來食腐魚而被逮着的。弟說:"不少是人家放生的魚。"原來此灣接近善信的放生點,經驗老到的釣友一看就認得哪些是放生魚,釣得也會放回海裏。有幾回我們在灣裏釣魚,海底幾乎全是魚網,即使把還活着的魚解開放回去海裏,也是死路一條。有時我們就把較活動的養在生艙,到較遠的崖岸才放回海裏。

為何網裏有那麼多死魚？顯然有人下網後多天不起網，魚被困死。為何海裏會佈滿魚網？熟悉的釣友解釋，從前魚網對漁民來說非常貴，捕完魚一定收回來，怕別人偷走；魚網破了也不輕易拋棄，織織補補是日常功夫。現在相對來說魚網很便宜，也不會有人偷，破了買新的，舊網破網就留在海底。有時我們見到租艇出海的業餘釣友也有下網的，我懷疑他們會否把幾十斤重的網帶回家。

釣與網，不同方法而已，但如果因為現代世界物料輕賤，魚網不再矜貴，導致海底佈滿死魚，這算不算是人類濫用資源破壞生態的一例？

1

2

1. 早晨出海釣魚，途中遠眺港島東部，一幅從水上看的圖畫。

2. 放網是傳統近岸捕漁方式，小艇上的漁民正在下網。

老虎魚游熨波洲

報紙新聞讀到一位釣友在灣仔海旁釣一條老虎魚，被魚刺傷三指，不刻全身發冷，手部麻痹，要送院救治。這使我想起童年往事。

香港有一處地方叫"老虎魚"，相信只有吳家姊弟妹和幾個童年小友才知道，因為這地名是我們改的暱稱，那就是深水灣和淺水灣之間，隔着熨波洲島的海峽。先父乃釣魚癡，我和弟妹都是剛學會走路，就已經跟着父親釣魚的，我們就在那兒租蜑家艇。我們在附近釣魚、摸蜆、挖青口、玩水、游泳。熨波海峽老虎魚特別多，釣魚游泳都要特別小心，我們就稱之為"老虎魚"。

前幾年香港有酒家以石頭魚為賣點，廣告上扁平圓鰭石頭魚旁有一句"我很醜，但我很好味！"後來與蜑家老友共飯，問他石頭魚究是何物，為何以前少聽說。蜑家友笑說："不就是石崇嘛！屬老虎魚一類，只是香港海域的品種都比較小。"石崇我認識，兒時常常釣到，是很鮮甜的"煲湯"魚，刺有毒，宰魚時要非常留神。

石崇和老虎魚與石班一樣，都是伏在海底石堆裏的魚，顏色與嶙峋的石頭相近。我們釣到石崇都不敢動手解鈎，要父親或艇家幫忙。石崇魚放進艇上的"生艙"就伏着不動，像塊石頭。老虎魚我們永遠不敢要，除鈎後都放回海裏，碰也不敢碰，太毒了！香港海域還有另一種有毒刺的魚，叫坑鱧，被刺着大抵都要進醫院治理，但少有釣到。

我們暱稱"老虎魚"的熨波洲海峽是很好玩的地方，水漲時波平如鏡，水深流弱；水退時水流極急，但游到海中心也只是水深及胸。我們學會游泳後常常橫渡海峽，或潛下看海底景色。我們怕老虎魚，也討厭海膽（後來才知那種小海膽是海刺），不幸踏着了，提起腿來腳板會吊着一個。長刺深入腳掌痛得很，但我們都習慣了，痛一會就沒事，只紅一點點，不會腫。

有趣的是海參，很多人會想不到香港有海參；當年熨波海峽水底多的是。很多時我們泳歇在水中站起來，腳下感覺甚麼滑溜溜的，就是踏着海參。海參總是一對的，伏在水底，顏色和海沙差不多，透過潛鏡看起來非常大。何不撈一條？休想，想知道甚麼叫滑不留手？最好試試。

回想七十年代初香港水域還未嚴重污染，海邊各種寶貝唾手可得。

熨波洲海峽岸邊有一小沙灘，有很多蜆。我們常常在十分鐘之內就收穫一大水桶，水退時蜆在沙底下噴水，你只要在噴水的地方用鏟剷下去，連沙倒進鐵網，往水裏一篩就十多隻。採青口更容易，青口整串成堆的黏在石岸邊，拔下幾串就是一桶了。

後來這兒已築了散步道，從深水灣通到淺水灣，我回港偶然還是會去散步的。未有步道之前，淺水灣道的別墅之間，有兩條頗隱蔽的小石級梯可以從淺水灣道到海邊，其中一條就在董浩雲的大別墅旁邊。這兒只有十幾戶蜑民和一個小碼頭，熨波州有遊艇會，蜑家經營接駁舢舨，週末釣友來租艇，平日非常安靜。

我們租蜑家的舢舨沿岸釣魚，上次與蜑友談起老虎魚，興起我又去"老虎魚"懷舊。當年蜑民的住家艇已變了養魚排，岸邊的小石屋沒有了，余東璇別墅也沒有了，摸蜆採青口的小灘和石基堤全已消失。

我走到步道外水邊的石堆，還能見到小石屋留下的地基，雖然蜆和青口絕跡，石蠔石螺猶多。石蠔扁貼石上，肉很小，

蜑家人鑿而食用，功夫多但頗甜美。如今
無人一顧的小石螺是我兒時的美味，實在
說吃起來頗費功夫，但真的鮮濃味美！

香港海邊佈滿指頭大的小石螺，
其實真的美味。

兒時我們暱稱"老虎魚"的熨波洲海峽。

茶餐廳，何只懷舊咁簡單！

出差在西安，住在鐘樓廣場的旅館。每次飛到西安，到得酒店都已是晚上九時以後，舟車疲累，我通常都在附近一家港式茶餐廳吃碗粥就算了。記得第一次發現此店頗有驚喜。那是有一天午飯很晏，吃的還是公事宴席，晚餐就不想吃了。誰知深夜空腸咕咕作響，只好出外看有沒有夜攤甚麼的。街頭頗為黑靜，正要走回旅館，見不遠處有食肆燈光仍亮，原來是一家港式茶餐廳。要了一碗雲吞麵，奶茶加一客兩件葡撻，味道還可以，但和香港的相比尚有點距離；湯味不對，雲吞太脫，奶茶不夠香。不過，半夜在西安還吃到這樣的溫馨食品（comfort food，又譯作慰藉），也該感激了。

我出差在外的時間頗多，但因饞嘴且好奇，到哪裏都忙於嚐地方風味，很少會想到甚麼 comfort food，這晚方知最能慰藉逆旅中夜半飢腸者是奶茶和雲吞麵。其實溫馨慰藉的並不是雲吞麵，而是茶餐廳；再說，我本來是不喝奶茶的。

想起前此我弟來訪，美國東西兩岸遊玩了兩週，最後回到三藩市。那天我們到屋崙的唐人街購物，之後在一家茶餐廳吃下午茶。奶茶、厚切西多士、炸雞脾、薯條配雞翼……我弟說：“和香港一樣嘛！如果有這樣的茶餐廳，移民也應該沒

有問題。"我曾申請弟弟一家移民，十多年才排到了，他們決定放棄；難道就是怕沒有茶餐廳？

說笑而已，不過吾弟呷奶茶那神情，絕對可以作溫馨慰藉食品的廣告。他十多天沒有喝港式奶茶，久違了每朝吃早餐的茶餐廳，大概若有所失。

近年我回港都住在弟家。弟媳上班早出門，我和弟弟每日到樓下的茶餐廳吃早餐，成了習慣。我這人本來不吃早餐，但發覺在茶餐廳閒話家常原來有一種生活上不覺察的溫情。週末，弟媳和我妹，有時姪子也來參加，一家人吃過早餐各自有節目。

我不在港時，弟弟如常一個人吃早餐，一年三百六十五日幾乎不變，都是樓下那家茶餐廳，也總是吃那個豬扒公仔麵配奶茶的 B 餐。吃不厭麼？弟說："他們就是不會變點花款。"好吃嗎？"勉強啦！"家有菲傭，幹嘛不在家裏舒舒服服地吃呢？"自己沖的奶茶味道不一樣！"

我想起了先父。兒時我們住在跑馬地山上木屋，父親每天一定在泰記吃完早餐才上班。泰記是大牌檔，在景光街和成和道的街角，那兒有兩個大牌檔，泰記旁邊是賣粉麵的全記。數十年如一日，泰記一杯奶茶、一件牛油多士是父親生活上唯一的奢侈。暑假或星期日，偶然父親會帶我們一起，見到的都是同一堆街坊鄰里，大多是馬會的馬伕。這些叔伯們高談闊論，時事經濟政治無所不及，所有人都像評論家。我又想起了先祖父，他是養和醫院的園丁，每天清早必到成和道的和興酒家吃其一盅兩件，風雨不改，他的茶友也風雨不改。

我自己呢？最愛祥興的清茶和鮮油餐包。祥興就是現在很多明星都光顧，奕蔭街那家茶餐廳，中學年代我常和同學去吃午餐。我的午飯錢只有五角，只能吃兩個菠蘿包，合共四角，或是三毛錢一個鮮油餐包加一個菠蘿包，最奢侈是火腿通粉，七角。祥興的清茶免費，而且很好喝。如果我有comfort food 的話，夾一片厚牛油熱辣辣的祥興餐包肯定是其一。我試過買同樣牌子的牛油和新鮮餐包在家裏吃，味道就是不一樣。最近去光顧，祥興一切如舊，依然用厚瓷奶茶杯，那個鮮油餐包還是難忘的滋味！

茶餐廳在國內，在台灣，在全球有華人社區的地方遍地開花，而且開始有人研究港式茶餐廳文化。潮流與茶餐廳，年輕的一代或因食品多選擇，或因合口味，或因快捷方便，或因便宜，其實都未領會到茶餐廳的文化精萃。中年以上的普羅大眾喜歡茶餐廳，我想不是懷舊那麼簡單！

1
2
3

1. 茶餐廳開到西安，筆者半夜也找到 comfort food！

2. 還是那種厚瓷咖啡杯，跑馬地祥興鮮油餐包依然滋味。

3. 屋崙市一家港式茶餐廳，彩圖餐單在窗櫺外，還有"柴九"的演唱會海報。

鴛鴦與奶茶

本來獨沽一味只賣咖啡的星巴克 Starbucks，來到香港多年之後，年前開始賣奶茶和鴛鴦了。開賣的時候我在《信報》讀到專欄作者卡夫卡一篇《茶餐廳文化登上大雅之堂》，標題當然是諷刺的反話，文中提到旅遊節目主持人伊恩到香港，曾經批評鴛鴦是垃圾。我沒有讀到原話，但一個旅遊名人輕率地批評另一文化的飲食為垃圾，未免太沙文主義了。飲食與文化分不開，不同風土的飲食需要培養口味（acquired taste）是在常理之中。

我想起 2010 年我隨美國法官團從西安到榆林交流，路上在休息加油站小休，大家都跑進小賣部買咖啡。我們已有經驗，在國內的高速路休息站小賣店有杯裝三合一咖啡，買了在旁邊的熱水器一沖，味道當然不好，但旅途上聊勝於無。那次在往榆林路上，竟然還有杯裝"鴛鴦"。美國朋友當然不懂，我解釋這是富有香港特色的咖啡混奶茶，開玩笑直譯為 Mandarin Ducks，之後又即興發明了一個譯名：Coffetea。結果人人好奇買一杯，時值深秋，大家拿着熱鴛鴦喝得頗樂。好喝嗎？不見得，即沖三合一，與大牌檔茶餐廳的相去十萬八千里。我想說的是，探索不同的飲食文化，本身就是樂趣。

批評鴛鴦是垃圾的人可能認為奶茶"溝"咖啡是胡搞，那麼最初英國人在福建紅茶中加糖、奶又如何呢？特級校對的《食經》裏有一段有趣的資料，上世紀50年代香港流行一種精品紅茶叫"星村小種"，英文名Lapsang Souchong，產於福建星村和桐關。這種紅茶有一股天然的煙味，加入花奶和糖特別滋味。由於產量極少，每年出產全被英、荷兩國搶購一空，市面很難買到，於是有茶商用松柴煙火燻出煙味，稱為"工夫紅茶"（Congou tea，不同於潮州功夫茶）。50年代香港還有一種罐裝"雞尾茶"，用各種茶葉混成，都是沖奶茶用的。至於安徽的祁門紅茶，通常是淨飲。

其實除了西北藏區，中國人喝茶向來都是淨飲的，奶茶是英國人的發明。茶原產於中國，傳入英國始自1660年代，是來自葡萄牙嫁給查理二世的皇后把茶帶進宮廷的。英國最初要透過荷蘭買茶，後來殖民地擴張到亞洲，東印度公司在康熙年間（1689年）首次從福建直接進口茶葉。到十八世紀中葉，英國人生活中已離不開茶了。十九世紀中，英國把中國茶樹引進印度和錫蘭種植，1867年在錫蘭建立了第一家殖民地茶園，所產茶葉除了供應母國，更運銷各地。1773年英國頒令讓皇家特許的東印度公司擁有北美殖民地茶葉的獨家進口權，導致茶葉走私活動興起。同年12月16日，麻薩諸塞省波士頓市發生著名的"茶葉派對"（有譯作"茶葉黨"）

事件，不滿的茶商把東印度公司貨船"五月花號"的茶葉傾入海港，成為美國獨立革命的導火線。

英國人移種的茶以錫蘭出產最佳，香港的茶餐廳大牌檔標榜西冷紅茶，西冷即是錫蘭 Ceylon。錫蘭 1972 年改為斯里蘭卡共和國，從此西冷紅茶也就有點懷舊氣息了。

西冷紅茶從錫蘭倒轉運銷香港，香港人的下午茶其實也源於英國。十九世紀的英國人晚上八九點才吃晚餐，有一位貝福特女公爵習慣每天下午三四點飲茶，僕人用精緻的銀盤奉上紅茶、奶、糖、麵包和牛油。後來下午茶漸漸成為上流女子的風尚，小食也不限於牛油麵包。

英國人下午飲茶有下午茶 Afternoon Tea 和傍晚茶 High Tea 之分，很多人混為一談，其實是兩回事。前者是女公爵首創三四點的下午茶，High Tea 是在黃昏六七點飲的。傍晚茶名為 High，所以有人以為是指 High Society，以為是上流社會的下午茶，實際恰巧相反。High Tea 是那年代英國普羅大眾，主要是男人的"傍晚茶"，飲茶和晚餐合一，有魚有肉；正確地說應該是"黃昏茶餐"。

1. 中國傳統茶是淨飲的，包括紅茶。

2. 茶罐上有獅子負劍郵票圖案才能稱為 Ceylon Tea，表示茶葉產於六個茶區之及原地包裝。

3. 現在波士頓港內的"五月花號"，1773 年不滿的茶商把船上的茶葉傾入海中。

巴黎快閃，白色夜宴

2012 年 5 月 14 日晚，在巴黎，我有這麼一次畢生難忘的經驗。

去年到法國訪友旅遊，在巴黎玩了幾天，住在塞納河畔巴黎聖母院對岸一家小旅館。那天逛得頗累，傍晚回旅館稍歇，到腹鳴之時，發覺已接近九時。聽旅館的人推薦，步行去附近一家百年老店吃晚餐。小旅館出門就是河邊，奇怪，街上有很多白衣男女，路邊停了幾部旅遊車，陸續下車的也都是穿着白色禮服的。一定是附近的大酒店今夕有婚宴吧。

吃了簡單晚餐，沿河散步回旅館，經過巴黎聖母院，我傻眼了。只見燭光一片，把偌大的廣場耀得通明，廣場上擺滿白餐枱，滿座賓客都是白色衣裝，女人戴上各式各樣的白帽子，男人的領帶蝴蝶結也都是白色的，白色餐具，白色洋燭。觥籌交錯，那些人正吃得不知多高興！

我好奇，走進場中。接近十一點了，香檳瓶、酒瓶幾乎都是空的，賓客在吃甜品。這樣的場面當然不能放過，趕忙拿出照相機。飲宴者樂乎乎，繼續享受佳餚美酒，還作勢讓我拍照。拍到當中一桌，一位男士忽然站起來奪了我的相機，轉

老饕與我合照；我是場中唯
一沒有穿白衣服的人！

手交給旁邊的人，原來他要和我合照，嚇得我！

我問席上不少人，這究竟是甚麼宴會？發覺無法溝通，只怪自己不懂法文。走了好一會，終於聽到英語了，是一位男士見我拍照，問我是不是日本人，我答是中國人。他旁邊的女士竟然用普通話說：“你好嗎？”我問：“你懂中文？”其他的人開懷大笑說：“她就只會這一句！”畢竟找到講英文的人了。桌上的人都非常熱情，男士還站起來讓我坐下來，就這樣聊了一會。那我才知這是著名的巴黎白色晚宴，必須得到邀請才能參加。他們叫我留下電郵地址，說：“明年我們邀請你！”

我在場中走了一個圈，算了一下，四十幾張長餐桌（用多張餐桌接駁而成），賓客兩邊分座，每桌大約有三十人。我的計算原來頗為準確，翌日新聞報導，當晚聖母院廣場有一萬二千多人參加，另一場同時在羅浮宮大廣場舉行，有一萬人。

好一場華麗的晚宴！每張餐桌鋪上白桌布，放上燭台和鮮花，法國人浪漫名不虛傳。美食美器、牛扒、龍蝦、鵝肝，不一而足，香檳美酒更不在話下。

一萬多人的晚宴，哪家酒店多少廚師才能張羅？卻原來，包括餐桌、椅子、餐具酒器、美食佳釀、鮮花、燭台……一切都由參加者自攜。

多有緣分，給我碰上了這一年一度的"秘密活動"，參加者自然都是老饕，而且是圈內人。每年舉行夜宴的日子很早就定了，但地點是絕密。搞手和參加者只用電郵、短信、社交網絡如臉書等聯絡，除了極少數的組織者，所有參加者都只知是在哪一天舉行。當晚大約八點他們才接到通知，隨即各攜準備好了的桌椅用品酒食，到指定的地鐵站或旅遊車地點集合。集合之後組織者會編派每桌的領頭人（heads of table），他們都是預先應邀承擔領頭的，等於分隊隊長，這時候大夥還未得知晚宴地點。夜宴的地點每年不同，人數眾多，必是闊大空曠的公眾場地，神秘保密是要避免警方得知而預先封鎖，或部署拘人。

接近九時，參加者乘地鐵或安排好的旅遊車到了場地附近，組織者才公佈地點，參加者立刻隨分隊隊長迅速入場。幾分鐘之內，過萬人一起進駐，聖母院大廣場一下子就變成露天宴會廳！參加者極有效率，十分八分鐘就把桌椅食具鋪設

巴黎聖母院前白色衣香鬢影，觥籌交錯。

好，插上鮮花，燃點洋燭，擺出美食，香檳滿杯。每年每次如是，警察就是有再多人手，也束手無策，所以雖然法例規定大型集會要申請許可證，但過去廿四年從未發生過與警察的衝突，警方也從來未動過手，只在旁邊監視。

原來組織者會告知參加的人，參加的條件就是要有隨時被捕的心理準備，他們也有Ｂ計劃，假如警察干預時如何應付。然而，白色晚宴已舉辦了廿四年。那晚我在外圍見到一些警察，人數不多，神情毫不緊張。警察是聰明人，對旨在享受美食的萬人集會，動甚麼手？

參加者入場之後，按編排放好餐枱餐椅，鋪枱布，擺好燭台、花、餐具和食物，全部不到二十分鐘。九點半一切就緒，一齊開香檳，眾人揚起白餐巾，晚宴開始，老饕們在星光燭光之下享受自己帶來豐盛的美酒美食。

為甚麼會有過萬人參加？我猜當然是好玩！組織者說目的只有一個，就是在一個本來屬於市民的地方，參加一個不合慣例的露天晚宴，過一個不平凡的晚上。說得精彩，既反映法國人對自己的地方當家作主的原則，反叛、開放，也洋溢着法國人的優雅傳統氣息，這可能只有在巴黎才見到。

白色夜宴的始創者是一個叫法蘭西－柏斯葵耶的人，他離開巴黎一段時期，1988 回家，相約朋友共進晚餐。誰知要來的朋友太多，他頓有創意，把晚餐改在布隆森林野餐，為了容易找，他請朋友都穿上白色衣服。白色夜宴，原本只是那麼簡單，但想不到這主意大受歡迎，結果發展成為每年一度的獨特傳統。老饕呼朋引類，人數愈來愈多，到去年有二萬二千多人參加。

過萬人在公眾地方晚宴集會，沒有許可證，不是佔領又是甚麼？它比佔領好玩，是快閃。他們是另類快閃黨，二十分鐘之內佔領了整個羅浮宮廣場、凱旋門或者艾菲爾士塔底，甚至是香榭麗舍大道，三小時之後，又在二十分鐘內快閃撤退。

我在場中流連，不覺時近午夜。聖母院大門前有人奏爵士樂，廣場中有人排成一行熱烈地跳舞，我和遊客舉着照相機，他們作出各種舞姿。

突然，歡聲四起，場內每一個人都點起一支煙花；我們兒時拿着噴出火花那種滴滴金煙花。一萬二千多支煙花一齊舉起，廣場火星四濺，和淡黃燈照的聖母院成強烈的對比。筆墨實在難以形容這場景多美，多動人。

歡呼聲此起彼落，晚宴要結束了，這是午夜十二點。華麗的夜宴以一個漂亮的現實來終結：參加者捲起桌布，從桌底掏出藤籃、冰桶、旅行籃等，迅速把餐具酒杯花瓶放好，剩下的美食裝在盒子裏，桌椅摺起來，再細心拾起地下的香檳酒塞、煙頭和垃圾。當然，法國人還要互相擁抱吻別，然後很快，很有秩序地離場，前後不到二十分鐘。

人去場空，好像甚麼事都沒發生過一樣。我坐在廣場中心的花圃邊，感覺像做了一場夢。聖母院鐘樓敲響十二時半報時，鐘聲在夜空中盪着，顯得有點兒寂寞。

一萬二千支滴滴金齊舉，白色夜宴在璀璨中結束。